もくじ 算数3年

東京書籍版
新編　新しい算数

JN102185

1 かけ算

① かけ算のきまり

教科書 上8〜19ページ　　答え 1ページ

 次の ◯ にあてはまる数を書きましょう。

◎めあて かけ算のきまりをまとめ、きまりを使えるようにしよう。　　**練習 ①→**

🐾 かけ算のきまり

★かけられる数とかける数を入れかえて計算しても、答えは同じになります。

★かける数が1ふえると、答えはかけられる数だけ大きくなります。

★かける数が1へると、答えはかけられる数だけ小さくなります。

1 かけ算のきまりを使って、8×5の答えをもとめます。

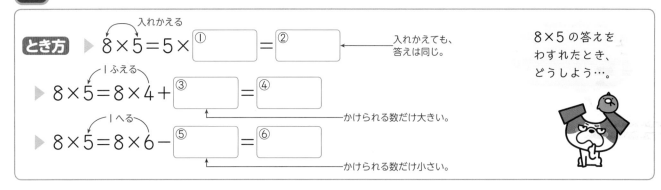

とき方 ▶ 8×5＝5×① ◯ ＝② ◯　　←入れかえても、答えは同じ。

▶ 8×5＝8×4＋③ ◯ ＝④ ◯　　←かけられる数だけ大きい。

▶ 8×5＝8×6－⑤ ◯ ＝⑥ ◯　　←かけられる数だけ小さい。

8×5の答えをわすれたとき、どうしよう…。

◎めあて 10×●、●×10、13×●のような計算ができるようにしよう。　**練習 ②③④→**

★かけられる数やかける数を分けて計算しても、答えは同じになります。

★かけられる数やかける数が大きくなっても、かけ算のきまりを使えば、答えをもとめることができます。

2 計算をしましょう。

(1) 10×5　　　(2) 4×10　　　(3) 13×6

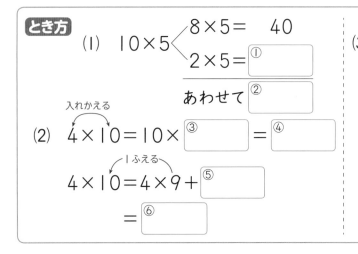

とき方 (1) 10×5 ⟨ 8×5＝　40 / 2×5＝① ◯

あわせて② ◯

入れかえる

(2) 4×10＝10×③ ◯ ＝④ ◯

1ふえる

4×10＝4×9＋⑤ ◯

＝⑥ ◯

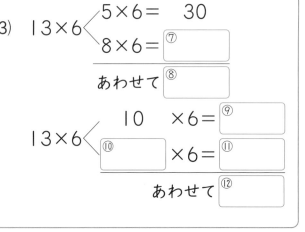

(3) 13×6 ⟨ 5×6＝　30 / 8×6＝⑦ ◯

あわせて⑧ ◯

13×6 ⟨ 10 ×6＝⑨ ◯ / ⑩ ◯ ×6＝⑪ ◯

あわせて⑫ ◯

教科書　上8〜19ページ　　答え　1ページ

1 □にあてはまる数を書きましょう。

教科書　9ページ 1

① 7×9＝9×□

② 6×2＝□×6

③ 3×8＝3×7＋□

④ 4×5＝4×6－□

2 □にあてはまる数を書きましょう。

教科書　12ページ 2、13ページ 3

① 8×7 ⎰ 5　×7＝ ⑦□
　　　　⎱ ①□×7＝ ⑦□
　　　　　　　　あわせて ⑤□

② 5×6 ⎰ 5×⑦□＝①□
　　　　⎱ 5×　1　＝⑦□
　　　　　　　あわせて ⑤□

3 □にあてはまる数を書きましょう。

教科書　15ページ 5

① 12×3＝12＋12＋⑦□
　　　＝①□

② 12×2 は、6×2 の 2 こ分だから、
　12＋⑦□＝①□

③ 13×2 ⎰ ⑦□×2＝①□
　　　　　⎱ 5　×2＝⑦□
　　　　　　　あわせて ⑤□

④ 14×3 ⎰ ⑦□×3＝①□
　　　　　⎱ 4　×3＝⑦□
　　　　　　　あわせて ⑤□

4 計算をしましょう。

教科書　14ページ 4、15ページ 5

① 10×8

② 3×10

③ 9×10

④ 11×7

⑤ 14×5

⑥ 16×8

● ヒント ❸ かけられる数を、かける数の回数だけたすか、かけられる数を 2 つに分けて、九九 や 10 のかけ算を使うかで、考えましょう。

ぴったり 1
じゅんび

1 かけ算
② 0のかけ算
③ かける数とかけられる数

学習日　月　日

教科書 上 20〜22 ページ　答え 2 ページ

✏ 次の □ にあてはまる数を書きましょう。

◎めあて 0のかけ算ができるようにしよう。　練習 ① ②→

☆ どんな数に 0 をかけても、答えはいつも 0 になります。

☆ 0 にどんな数をかけても、答えはいつも 0 になります。

1 じゃんけんゲームをしました。下の表を見て、あおいさんのとく点のとり方を式に表して、とく点をもとめましょう。

あおい　けんた

点数（点）	✋で勝ち 3	✌で勝ち 2	✊で勝ち 1	負け 0	合計
回数（回）	1	3	0	6	10
とく点（点）					

あおい

とき方 勝ったときの点数 × 回数 ＝ とく点

▶ 3 点…3×1＝ ①□　　▶ 2 点…2×3＝ ②□

▶ 1 点…1×0＝ ③□　　▶ 0 点…0×6＝ ④□

とく点の合計は、3＋6＋ ⑤□ ＋ ⑥□ ＝ ⑦□　　答え ⑧□ 点

⑤の下: 1点のとく点　⑥の下: 0点のとく点

◎めあて かける数やかけられる数を、九九を使ってもとめられるようにしよう。　練習 ③→

九九を使ったり、じゅんに数をあてはめたりして、かける数やかけられる数を見つけます。

2 □ にあてはまる数をもとめましょう。

(1) 6×□＝48　　　　　(2) □×9＝36

とき方 (1) 九九の ①□ のだんを調べます。

九九の表

5	6	7	8
6 → 48

じゅんに数をあてはめて、

6×7＝ ②□

6×8＝ ③□　　　答え ④□

(2) 九九の ⑤□ のだんを調べます。

□×9＝9×□
だから、…

答え ⑥□

ぴったり2

練習

教科書 上 20〜22 ページ　答え 2 ページ

1 下の表は、けんたさんとあおいさんのじゃんけんゲームでの、けんたさんの
記ろくです。それぞれの点のところのとく点をもとめて、とく点の合計を
もとめましょう。

教科書 20 ページ **1**

点数（点）	で勝ち 3	で勝ち 2	で勝ち 1	負け 0	合計
回数（回）	0	1	5	4	10
とく点（点）					

けんた

① 3 点のところ

式

答え（　　　　　）

② 2 点のところ

式

答え（　　　　　）

③ 1 点のところ

式

答え（　　　　　）

④ 0 点のところ

式

答え（　　　　　）

⑤ とく点の合計

式

答え（　　　　　）

2 計算をしましょう。

教科書 20 ページ **1**

① 5×0　　　　　　　　　　② 0×9

③ 17×0　　　　　　　　　④ 0×0

3 □ にあてはまる数を書きましょう。

教科書 22 ページ **1**

① 6×□＝24　　　　　　② □×7＝28

③ 9×□＝72　　　　　　④ □×3＝21

ヒント　**3** ②　□×7＝7×□です。何のだんの九九を使うか考えます。

時間 **30**分 ／100 ごうかく**80**点

教科書　上 8〜23 ページ　答え　2 ページ

知識・技能　　　　　　　　　　　　　　　　　　　　　　　　　／75点

1 よく出る　□にあてはまる数を書きましょう。　　　　1つ3点（15点）

① 5×7＝5×6＋□

② 7×2＝7×3−□

③ 4×9＝9×□

④ 3×□＝6×3

⑤ 6×7の答えは、6×5と6×□の答えをあわせた数です。

2 下の表は、ゆいかさんのじゃんけんゲームの記ろくを整理したものです。

式・答え　1つ4点（24点）

ゆいか

点数（点）	✊で勝ち 3	✌で勝ち 2	🖐で勝ち 1	負け 0	合計
回数（回）	2	0	3	5	10
とく点（点）					

① 2点のところのとく点は何点ですか。

式　2×□＝□　　　　　　　　答え（　　　　　）

② 0点のところのとく点は何点ですか。

式　□×□＝□　　　　　　　　答え（　　　　　）

③ ゆいかさんのとく点の合計は何点ですか。

式　　　　　　　　　　　　　　答え（　　　　　）

3 よく出る　計算をしましょう。　　　　　　　　　　1つ4点（24点）

① 10×6

② 2×10

③ 7×10

④ 6×0

⑤ 0×1

⑥ 0×0

4 □にあてはまる数を書きましょう。

1つ3点(12点)

① 8×□=40

② □×9=81

③ □×6=54

④ 7×□=49

思考・判断・表現 ／25点

5 13×4の答えを、下のように考えてもとめます。

①は全部できて　1問5点(15点)

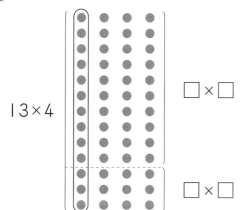

13×4

□×□

□×□

① □にあてはまる数を書きましょう。

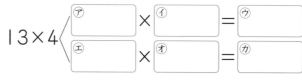

$13×4$ {
⑦□ × ⑦□ = ⑦□
⑧□ × ⑨□ = ⑩□
}

② 13×4の答えはいくつですか。

(　　　　　　)

③ ①の計算のしかたで使ったかけ算のきまりは、下の⑦、⑦のどちらですか。

⑦ かけられる数や、かける数を分けて計算しても、答えは同じになる。

⑦ かけられる数とかける数を入れかえて計算しても、答えは同じになる。

(　　　　　　)

できたらスゴイ！

6 チョコレートが 10 こずつ入った箱が 3 つと、チョコレートが 6 こずつ入った箱が 3 つあります。チョコレートは、全部で何こありますか。

式・答え　1つ5点(10点)

式

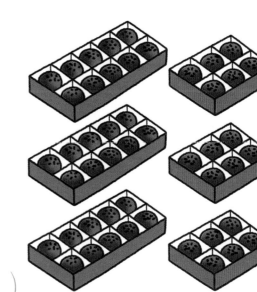

答え (　　　　　　　　)

ふりかえり　**1**①〜④がわからないときは、2ページの**1**にもどってかくにんしてみよう。

ふろくの「計算せんもんドリル」①もやってみよう！

ぴったり 1
じゅんび
3分でまとめ
② 時こくと時間のもとめ方
① 時こくと時間のもとめ方
② 短い時間
学習日　　月　　日
教科書　上 24〜28 ページ　答え　3 ページ

✏ 次の □ にあてはまる数を書きましょう。

めあて　時こくや時間をもとめられるようにしよう。　練習 ① ② ③ ④ →

れい　2 時 50 分から 20 分後の 時こく は、
3 時まで 10 分、3 時から 10 分で、
3 時 10 分です。

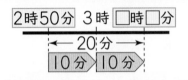

れい　3 時 40 分から 4 時 10 分までの 時間 は、
4 時まで 20 分、4 時から 10 分で、
30 分です。

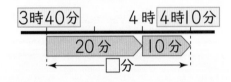

1 6 時 50 分から 30 分後の時こくをもとめましょう。

とき方　6 時 50 分から 7 時までは □ 分だから、

30 分後は 7 時から □ 分たった時こくです。

だから、6 時 50 分から 30 分後の時こくは、

□ 時 □ 分です。

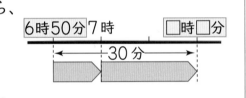

2 7 時 50 分から 8 時 10 分までの時間をもとめましょう。

とき方　7 時 50 分から 8 時までは □ 分、

8 時から 8 時 10 分までは □ 分だから、

7 時 50 分から 8 時 10 分までの時間は □ 分です。

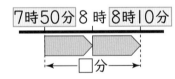

めあて　1 分より短い時間のたんい「秒」がわかるようにしよう。　練習 ⑤ →

秒は、1 分より短い時間のたんいです。

1 分＝60 秒

3 右のストップウォッチは、何秒を表していますか。

とき方　1 めもりは □ 秒だから、□ 秒です。

ぴったり2
練習

★ できた問題には、「た」をかこう！★
でき ① でき ② でき ③ でき ④ でき ⑤

学習日　　　月　　　日

教科書　上24〜28ページ　答え　3ページ

1 ゆうたさんは、1時40分から50分、犬をつれてさんぽをしました。
ゆうたさんがさんぽから帰った時こくは、何時何分ですか。　教科書　24ページ**1**

（　　　　　　　　）

2 なつみさんは、7時40分から8時20分まで本を読みました。
本を読んでいた時間は何分ですか。　教科書　25ページ**2**

（　　　　　　　　）

3 家から30分歩いて、公園に10時20分に着きました。
家を出た時こくは何時何分ですか。　教科書　26ページ**3**

（　　　　　　　　）

📖 よくよんで

4 あみさんは、電車に1時間50分乗り、その後、バスに30分乗りました。
乗り物に乗った時間は、あわせて何時間何分ですか。　教科書　27ページ**4**

（　　　　　　　　）

5 右のストップウォッチについて答えましょう。　教科書　28ページ**1**
① 何秒を表していますか。

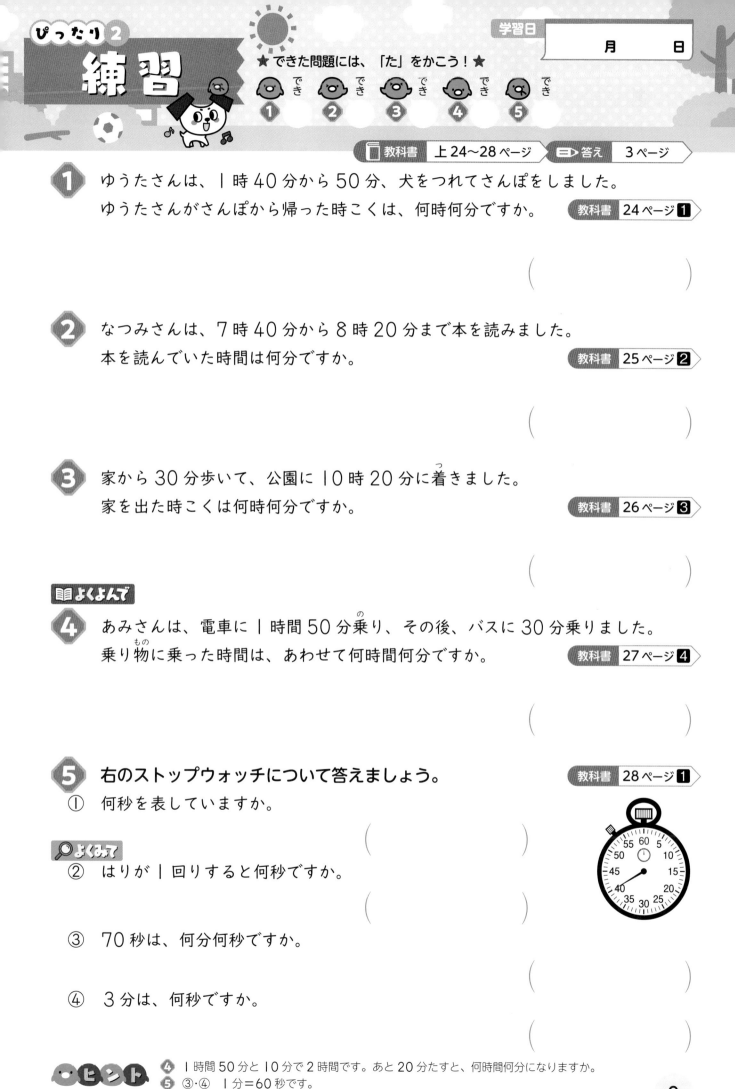

（　　　　　　　　）

🔍 よくみて
② はりが1回りすると何秒ですか。

（　　　　　　　　）

③ 70秒は、何分何秒ですか。

（　　　　　　　　）

④ 3分は、何秒ですか。

（　　　　　　　　）

ヒント
④ 1時間50分と10分で2時間です。あと20分たすと、何時間何分になりますか。
⑤ ③・④ 1分＝60秒です。

② 時こくと時間のもとめ方

知識・技能　　　　　　　　　　　　　　　　　　　　　　／70点

❶ 2 時 30 分から、40 分後の 時こくをもとめます。□に あてはまる数を書きましょう。

全部できて　1問5点(10点)

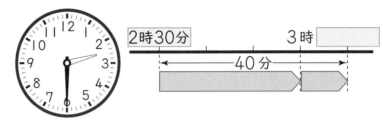

2時30分　　　　　　3時

40分

①　2 時 30 分から 3 時までの時間は □ 分だから、3 時から □ 分後の 時こくをもとめます。

②　答えは、□ 時 □ 分です。

❷ よく出る 下のストップウォッチは、それぞれ何秒を表していますか。　1つ5点(10点)

①

（　　　　　）

②

0:00:45⁰⁰

（　　　　　）

❸ よく出る □ にあてはまる数を書きましょう。　②は全部できて　1問5点(10点)

①　1 分 = □ 秒　　　　②　90 秒 = □ 分 □ 秒

❹ □ にあてはまる数を書きましょう。　②・③は全部できて　1問5点(20点)

①　5 分 = □ 秒　　　　②　150 秒 = □ 分 □ 秒

③　100 分 = □ 時間 □ 分　④　2 時間 30 分 = □ 分

5 （　）にあてはまる、時間のたんいを書きましょう。　　　1つ5点(20点)

① そうじをしていた時間　　　30（　　　　　）

② 100ｍ走るのにかかった時間　　　20（　　　　　）

③ 1日に起きていた時間　　　15（　　　　　）

④ 学校まで歩いた時間　　　15（　　　　　）

思考・判断・表現　　　　　　　　　　　　　　　　　　／30点

6 ゆきかさんは、11時40分から12時25分までお母さんと出かけていました。
出かけていた時間は何分ですか。　　　(10点)

（　　　　　　　　　）

できたらスゴイ！

7 あやねさんの家からゆうたさんの家まで40分かかります。
あやねさんがゆうたさんの家に午後3時10分までに着くためには、
おそくとも午後何時何分までに家を出なければならないでしょうか。　　　(10点)

（　　　　　　　　　）

8 算数の宿題をした時間は40分、国語の宿題をした時間は25分でした。
宿題をした時間は、あわせて何分ですか。また、何時間何分ですか。　　　1つ5点(10点)

（　　　　　　　分）　（　　　時間　　　分）

ふりかえり 1 がわからないときは、8ページの 1 にもどってかくにんしてみよう。

3分でまとめ

③ わり算

① 1人分の数をもとめる計算

教科書 上30〜34ページ 答え 4ページ

✎ 次の ◯ にあてはまる数を書きましょう。

◎めあて 1人分の数をもとめる計算の式が書けるようにしよう。 練習 ❶❷➡

★24 このクッキーを、8人で同じ数ずつ分けると、1人分は 3 こになります。

このことを式で、次のように書きます。

$$24 \div 8 = 3$$

「二十四 わる 八は 三」

● ……❷
━━━ ……❶
● ……❸

★24÷8 のような計算を、わり算といいます。

1 8 このりんごを、4人で同じ数ずつ分けると、1人分は何こになりますか。また、式を書きましょう。

とき方 右のように、1人に1こずつ分けていくと、

1人分は、① ◯ こ

式を書くと、次のようになります。

② ◯ ÷ ③ ◯ = ④ ◯

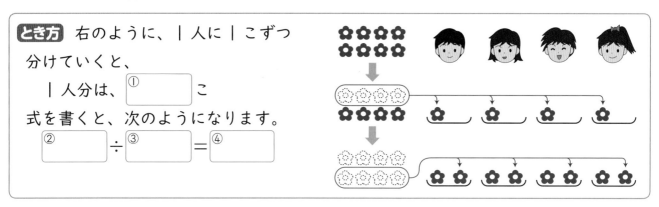

◎めあて 1人分の数を、九九を使ってもとめられるようにしよう。 練習 ❸❹➡

24÷8 の答えは、8のだんの九九で見つけられます。

2 28 このあめを、7人で同じ数ずつ分けると、1人分は何こになりますか。

とき方 式は、次のようなわり算で書きます。

① ◯ ÷ ② ◯

答えは、□×7=28 の □ にあてはまる数で、

□×7=7×□ だから、③ ◯ のだんの九九で見つけられます。

式 ④ ◯ ÷ ⑤ ◯ =4◀

答え 4 こ

1人分の数 × 人数 = 全部の数 だね。

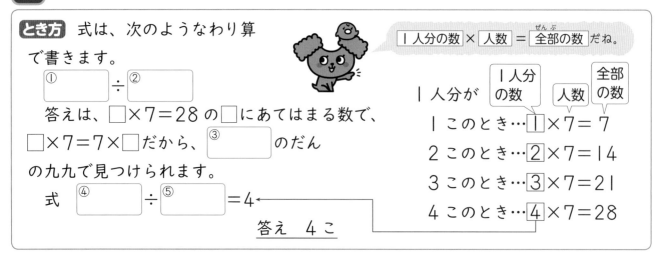

1人分が

	1人分の数	人数	全部の数
1このとき…	1	×7=	7
2このとき…	2	×7=	14
3このとき…	3	×7=	21
4このとき…	4	×7=	28

ぴったり 2
練 習

★できた問題には、「た」をかこう！★
でき 1　でき 2　でき 3　でき 4

学習日
月　　日

教科書 上 30〜34 ページ　答え 4 ページ

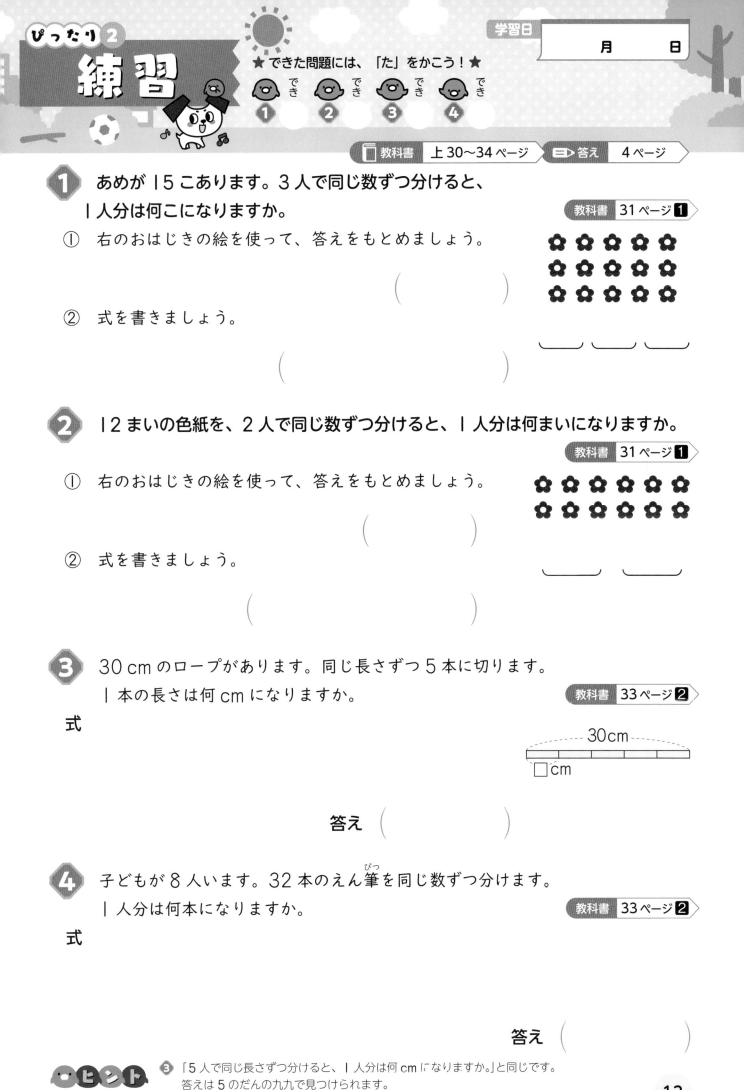

1 　あめが 15 こあります。3 人で同じ数ずつ分けると、
　　1 人分は何こになりますか。

教科書 31 ページ 1

① 　右のおはじきの絵を使って、答えをもとめましょう。

（　　　　　　　　）

② 　式を書きましょう。

（　　　　　　　　　　　　　　）

2 　12 まいの色紙を、2 人で同じ数ずつ分けると、1 人分は何まいになりますか。

教科書 31 ページ 1

① 　右のおはじきの絵を使って、答えをもとめましょう。

（　　　　　　　　）

② 　式を書きましょう。

（　　　　　　　　　　　　　　）

3 　30 cm のロープがあります。同じ長さずつ 5 本に切ります。
　　1 本の長さは何 cm になりますか。

教科書 33 ページ 2

式

30cm
□cm

答え（　　　　　　　　）

4 　子どもが 8 人います。32 本のえん筆を同じ数ずつ分けます。
　　1 人分は何本になりますか。

教科書 33 ページ 2

式

答え（　　　　　　　　）

ヒント　3 「5 人で同じ長さずつ分けると、1 人分は何 cm になりますか。」と同じです。
答えは 5 のだんの九九で見つけられます。

13

ぴったり1 じゅんび

③ わり算
② 何人に分けられるかをもとめる計算
③ 0や1のわり算

学習日 　月　　日

教科書 上 35〜40 ページ　答え 4 ページ

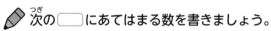

次の ◯ にあてはまる数を書きましょう。

めあて 何人に分けられるかをもとめる計算の式が書けるようにしよう。　練習 ①②③④→

☆24 このクッキーを、1 人に 8 こずつ分けると、3 人に分けられます。

このことも、わり算の式で、次のように書きます。

$$24 ÷ 8 = 3$$

☆24÷8 の式で、24 を**わられる数**といい、8 を**わる数**といいます。

1 28 このあめを、1 人に 7 こずつ分けると、何人に分けられますか。

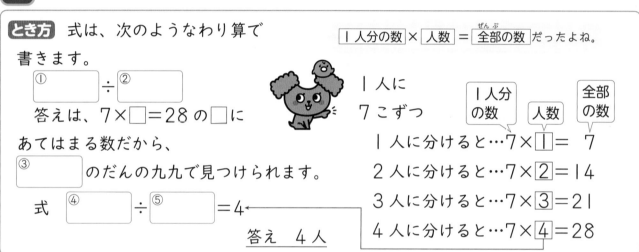

とき方　式は、次のようなわり算で
書きます。

　① ÷ ②

答えは、7×□=28 の□に
あてはまる数だから、

③ のだんの九九で見つけられます。

式 ④ ÷ ⑤ =4

答え　4 人

1人分の数 × 人数 = 全部の数 だったよね。

1 人に
7 こずつ

1人分の数　人数　全部の数

1 人に分けると…7×①= 7
2 人に分けると…7×②=14
3 人に分けると…7×③=21
4 人に分けると…7×④=28

めあて 0や1のわり算ができるようになろう。　練習 ④→

☆0 を、0 でないどんな数でわっても、答えはいつも 0 になります。

☆わる数が 1 のとき、答えはわられる数と同じになります。

2 計算をしましょう。

(1) 0÷3　　　　　(2) 6÷1　　　　　(3) 4÷4

とき方 (1)　わられる数が 0 のわり算です。

$$0 ÷ 3 =$$

(2)　わる数が 1 のわり算です。

$$6 ÷ 1 =$$

(3)　わられる数とわる数が同じ数の
わり算です。

$$4 ÷ 4 =$$

ぴったり2
練習

★ できた問題には、「た」をかこう！★
でき ① でき ② でき ③ でき ④

学習日
月　日

教科書　上 35〜40 ページ　答え　5 ページ

1 パイが 18 こあります。1 人に 3 こずつ分けると、何人に分けられますか。

教科書　35 ページ **1**

① 右のおはじきの絵を使って、答えをもとめましょう。

（　　　　　　　　　　）

② 式を書きましょう。

（　　　　　　　　　　）

2 花が 54 本あります。6 本ずつたばにして花たばを作ります。
花たばはいくつできますか。

教科書　37 ページ **2**

式

答え（　　　　　　　　　）

3 14 dL の牛にゅうを、2 dL ずつコップに分けるには、コップは何こ
ひつようですか。

教科書　37 ページ **2**

式

答え（　　　　　　　　　）

4 計算をしましょう。

教科書　39 ページ ⑥、40 ページ ①

① 8÷2 　　　② 16÷8 　　　③ 27÷3

④ 45÷9 　　　⑤ 42÷7 　　　⑥ 64÷8

⑦ 0÷1 　　　⑧ 8÷1 　　　⑨ 9÷9

ヒント
3 「1 人に 2 dL ずつ分けると、何人に分けられますか。」と同じです。
4 わり算の答えは、わる数のだんの九九を使ってもとめます。

15

❸ わり算

教科書 上 30〜42 ページ 　 答え 5 ページ

知識・技能 　　　　　　　　　　　　　　　　　　　　　／55点

1 次の □ にあてはまることばを書きましょう。　　　　　全部できて 5点

15÷5、30÷6 のような計算を、わり算といいます。

15÷5 の式で、15 を [　　　　] 数、5 を [　　　　] 数といいます。

2 次のわり算の答えをもとめるには、何のだんの九九を使えばよいでしょうか。また、答えをもとめましょう。　　　　　全部できて 1問5点（10点）

① 24÷4 　　　　　　　　　　　② 27÷9

　　[　　　] のだんの九九　　　　　　　　[　　　] のだんの九九

　　答え（　　　　　）　　　　　　　　答え（　　　　　）

3 よく出る 計算をしましょう。　　　　　　　　　　　1つ5点（40点）

① 18÷2 　　　　　　　　　　　② 16÷4

③ 36÷9 　　　　　　　　　　　④ 40÷5

⑤ 48÷8 　　　　　　　　　　　⑥ 0÷6

⑦ 5÷1 　　　　　　　　　　　⑧ 8÷8

思考・判断・表現　　　　　　　　　　　　　　　　　　　　　／45点

4 えん筆が 21 本あります。　　　　　　　　　　式・答え　1つ5点(20点)

① 7 人で同じ数ずつ分けると、1 人分は何本になりますか。

式

答え （　　　　　　　）

② 1 人に 7 本ずつ分けると、何人に分けられますか。

式

答え （　　　　　　　）

5 よく出る 次の問題に答えましょう。　　　　　式・答え　1つ5点(20点)

① 24 人の子どもを、同じ人数ずつ 6 つのチームに分けます。
　 1 チームは何人になりますか。

式

答え （　　　　　　　）

② パンを 4 こずつふくろにつめます。パンは 36 こあります。
　 ふくろは何まいひつようですか。

式

答え （　　　　　　　）

6 答えをもとめる式が、10÷2 になるのはどれですか。　　(5点)

　あ プリンが 10 こあります。
　　 2 こ食べると、のこりは何こですか。

　い 1 箱に 10 こ入りのキャラメルが 2 箱あります。
　　 キャラメルは、全部で何こありますか。

　う おにぎりが 10 こあります。
　　 1 人に 2 こずつ分けると、何人に分けられますか。

　え 10 人の子どもに、おり紙を 2 まいずつ分けます。
　　 おり紙は何まいひつようですか。

（　　　　　　　）

ふりかえり 🐷 ②がわからないときは、12 ページの②にもどってかくにんしてみよう。

ふろくの「計算せんもんドリル」②〜⑤もやってみよう！

ぴったり 1
じゅんび
3分でまとめ

4 たし算とひき算の筆算
① 3けたの数のたし算
② 3けたの数のひき算

学習日　月　日

教科書　上 44〜49 ページ　答え　6 ページ

次の ◯ にあてはまる数を書きましょう。

めあて 3けたの数のたし算ができるようにしよう。　練習 ① →

　たし算の筆算は、3けたになっても、位をそろえて書き、一の位からじゅんに位ごとに計算します。

1 183+354 を、筆算でしましょう。

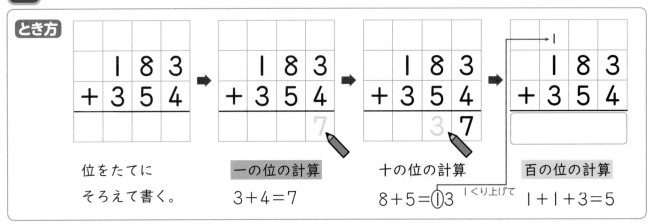

とき方

位をたてにそろえて書く。

一の位の計算
3+4=7

十の位の計算
8+5=⑴3 1くり上げて

百の位の計算
1+1+3=5

めあて 3けたの数のひき算ができるようにしよう。　練習 ② ③ →

　ひき算の筆算は、3けたになっても、位をそろえて書き、一の位からじゅんに位ごとに計算します。

2 476−293 を、筆算でしましょう。

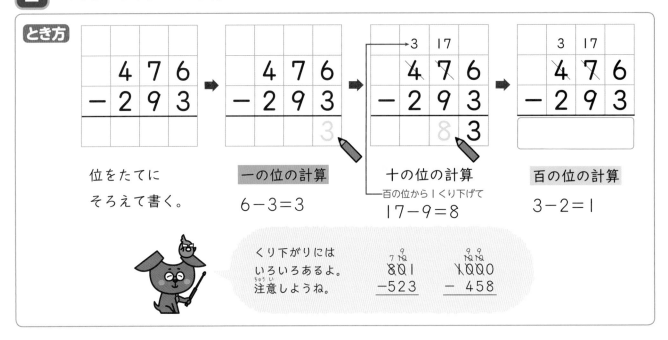

とき方

位をたてにそろえて書く。

一の位の計算
6−3=3

十の位の計算
百の位から1くり下げて
17−9=8

百の位の計算
3−2=1

くり下がりにはいろいろあるよ。注意しようね。
801
−523

1000
− 458

練習

★ できた問題には、「た」をかこう！★

でき ① でき ② でき ③

教科書　上 44～49 ページ　答え　6 ページ

① 筆算で計算しましょう。

教科書　45 ページ ■、46 ページ ■

① 163＋214

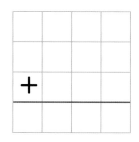

② 156＋327

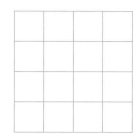

③ 462＋86

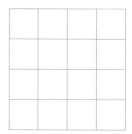

④ 584＋239

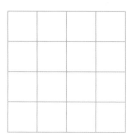

⑤ 354＋248

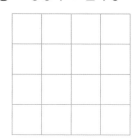

⑥ 745＋493

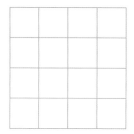

② 筆算で計算しましょう。

教科書　47 ページ ■

① 578－342

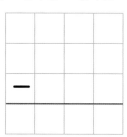

② 956－427

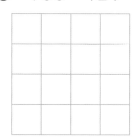

③ 651－293

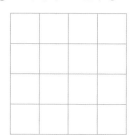

③ 筆算で計算しましょう。

教科書　48 ページ ■、49 ページ ■

① 801－523

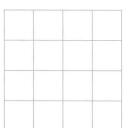

② 504－67

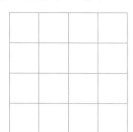

③ 1000－458

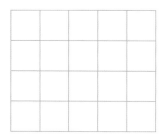

● ヒント　　① ④・⑤　一の位と十の位でくり上がりがあります。
③　１つ上の位からくり下げられないときは、もう１つ上の位からくり下げます。

4 たし算とひき算の筆算

（大きい数の筆算）

教科書　上 50〜51 ページ　　答え　6 ページ

 次の ⬚ にあてはまる数を書きましょう。

めあて 大きい数のたし算やひき算の筆算ができるようにしよう。　　練習 ①②→

　たし算やひき算の筆算は、数が大きくなっても、位をそろえて書き、一の位からじゅんに位ごとに計算します。

1 筆算で計算しましょう。

(1) 3574＋6245　　(2) 6245−3574

答えはだいたいいくつになるかよそうしよう。

とき方 位をたてにそろえて書きます。

(1)

```
  3 5 7 4
+ 6 2 4 5
        9
```

一の位の計算　4＋5＝9

➡ 十の位の計算　7＋4＝①⬚

| くり上げて

➡ 百の位の計算　1＋5＋2＝②⬚

➡ 千の位の計算　3＋6＝9

```
    1
  3 5 7 4
+ 6 2 4 5
        9
```
➡
```
    1
  3 5 7 4
+ 6 2 4 5
      1 9
```
➡
```
    1
  3 5 7 4
+ 6 2 4 5
  ③
```

(2)

```
  6 2 4 5
- 3 5 7 4
        1
```

一の位の計算　5−4＝1

➡ 十の位の計算　④⬚　−7＝⑤⬚

百の位から1くり下げて

➡ 百の位の計算　⑥⬚　−5＝⑦⬚

千の位から1くり下げて

➡ 千の位の計算　5−3＝2

```
      1  14
  6 2 4 5
- 3 5 7 4
      7 1
```
➡
```
    5 11 14
  6 2 4 5
- 3 5 7 4
    6 7 1
```
➡
```
    5 11 14
  6 2 4 5
- 3 5 7 4
  ⑧
```

★ できた問題には、「た」をかこう！★

でき ① でき ②

教科書　上 50〜51 ページ　答え　6 ページ

1 筆算で計算しましょう。

教科書 50ページ 1

① 1457＋4389

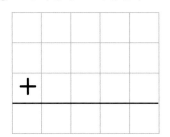

② 5392＋1208

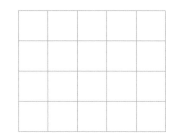

③ 4058＋3981

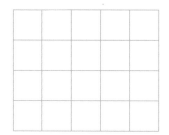

④ 4758−2593

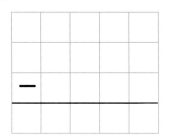

⑤ 5046−3987

⑥ 7204−6597

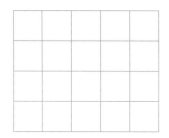

2 筆算で計算しましょう。

教科書 50ページ 1

① 6431＋374

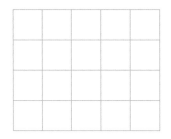

② 358＋7246

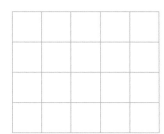

③ 4967＋33

④ 4284−327

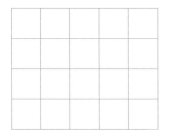

⑤ 1045−679

⑥ 3021−57

ヒント　❷ けた数がちがう2つの数のたし算、ひき算です。位をたてにそろえて書くことに注意しましょう。②・③は、くり上がりのあとにまたくり上がりがあります。

21

④ たし算とひき算の筆算

教科書　上 44〜53 ページ　　答え　7 ページ

知識・技能　　　　　　　　　　　　　　　　　　　　／60点

1 よく出る 計算をしましょう。　　　　　1つ5点（30点）

① 　124
　＋375

② 　724
　＋193

③ 　239
　＋586

④ 　583
　−261

⑤ 　602
　−436

⑥ 　715
　−387

2 筆算で計算しましょう。　　　　　　　1つ5点（30点）

① 304＋859

② 648＋52

③ 2343＋3467

④ 426−82

⑤ 503−7

⑥ 8024−4568

思考・判断・表現　　　　　　　　　　　　　　　　　　　　　／40点

3 次の筆算のまちがいを見つけましょう。
また、正しい答えをもとめましょう。

全部できて　1問4点（8点）

①
```
   28
 +547
  827
```
まちがい（　　　　　　　　　）

正しい答え（　　　　　　　　）

②
```
  321
 -117
  214
```
まちがい（　　　　　　　　　）

正しい答え（　　　　　　　　）

4 0 から 9 までの 10 まいのカードから 8 まいえらんで、答えが 5000 になる
4 けたの数のたし算の式を 2 つつくりましょう。

全部できて　1問4点（8点）

①
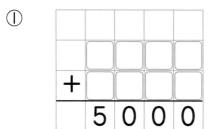
```
   □□□□
 + □□□
   5000
```

②
```
    □□□□
 + □□□
    5000
```

5 よく出る 問題に答えましょう。

式・答え　1つ4点（24点）

① 赤い色紙が 328 まい、青い色紙が 437 まいあります。
色紙は全部で何まいありますか。

式

答え（　　　　　　　　　）

② 626 円の本を買い、1000 円さつを出しました。
おつりはいくらですか。

式

答え（　　　　　　　　　）

できたらスゴイ!

③ えい画館の入場者数は、きのうより 85 人多く、471 人でした。
きのうの入場者数は何人ですか。

式

答え（　　　　　　　　　）

ふりかえり 🐼　　1 ①～③がわからないときは、18 ページの 1 にもどってかくにんしてみよう。

ふろくの「計算せんもんドリル」7〜16 もやってみよう!

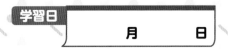

考える力をのばそう

重なりに注目して

教科書　上 54〜55 ページ　　答え　7 ページ

1　1 m のものさしを 2 本使って、テーブルのはばをはかったら、下のように
なりました。テーブルのはばは、何 cm ですか。

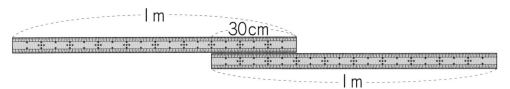

① かおるさんは、下の図を使って、テーブルのはばをもとめました。
□ にあてはまる数を書きましょう。

重なりの部分を
あとからひいて
いるね。

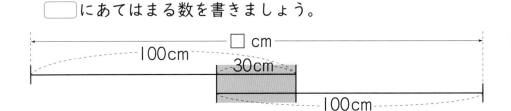

❶ 1 m は ㋐ □ cm だから、1 m のものさし 2 本分の長さは

㋑ □ ＋ ㋒ □ ＝ ㋓ □ で、㋔ □ cm です。

❷ テーブルのはばは、1 m のものさし 2 本分の長さから、重なりの部分の長さを
ひいた長さになります。㋕ □ － ㋖ □ ＝ ㋗ □ で、㋘ □ cm です。

② ひろとさんは、下の図を使って、テーブルのはばをもとめました。
□ にあてはまる数を書きましょう。

重なりの部分を
先にひいて
いるね。

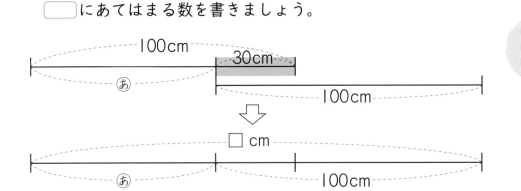

❶ まず、1 m のものさしから重なりの部分をひいて、㋫ の部分の長さを
もとめます。㋐ □ － ㋑ □ ＝ ㋒ □ で、㋓ □ cm です。

❷ テーブルのはばは、㋫ の部分の長さと 1 m のものさし 1 本分の長さをたした
長さになります。㋔ □ ＋ ㋕ □ ＝ ㋖ □ で、㋗ □ cm です。

2 １ｍのものさしを２本使って、花だんの横（よこ）の長さをはかったら、下のように
なりました。

　花だんの横の長さは何ｃｍですか。

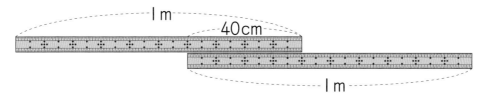

式

　　　　　　　　　　　　　　　　　　　　答え（　　　　　　　　　）

📖 よくよんで

3 １２０ｃｍのテープに、８０ｃｍのテープをつなぎます。テープの長さを全体（ぜんたい）で
１７０ｃｍにしようと思います。つなぎめの長さは何ｃｍにすればよいですか。

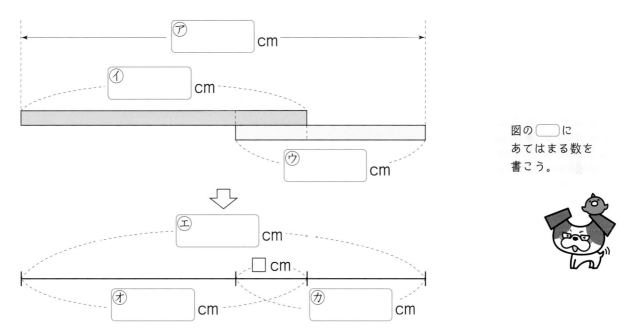

図の　　　に
あてはまる数を
書こう。

①　１２０ｃｍのテープと８０ｃｍのテープをあわせた長さは何ｃｍですか。
　式

　　　　　　　　　　　　　　　　　　　　答え（　　　　　　　　　）

②　つなぎめの長さは何ｃｍですか。
　式

　　　　　　　　　　　　　　　　　　　　答え（　　　　　　　　　）

3分でまとめ

⑤ 長いものの長さのはかり方と表し方

① 長いものの長さのはかり方
② 長い長さのたんい

教科書 上 56～62 ページ　答え　8 ページ

✏️ 次の □ にあてはまる数を書きましょう。

🎯 めあて　長いものの長さをはかれるようにしよう。　練習 ① ② →

長いものの長さをはかるには、まきじゃくを使うとべんりです。

1 次のまきじゃくで、↓のめもりが表している長さをよみましょう。

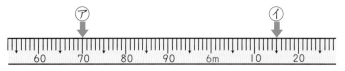

どこが何 m の
めもりかを、
しっかり
見ましょう。

とき方　まきじゃくの１めもりは ① □ cm です。

⑦は、６ｍより短いから、② □ m ③ □ cm

④は、６ｍとあと ④ □ cm だから、⑤ □ m ⑥ □ cm

🎯 めあて　長い長さのたんいのキロメートルを知り、使えるようにしよう。　練習 ③ →

🐾 きょりと道のり

まっすぐにはかった長さを**きょり**、

道にそってはかった長さを**道のり**といいます。

🐾 キロメートル

1000ｍを１**キロメートル**といい、１km と書きます。

1 km＝1000 m

2 右の絵地図を見て、もとめましょう。

(1) 駅から公園までのきょりは、何ｍですか。

(2) 駅から公園までの道のりは、何 km 何ｍですか。

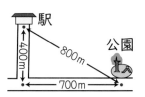

とき方　(1)　きょりは、まっすぐにはかった長さだから、① □ m

(2)　道のりは、道にそってはかった長さだから、

400＋② □ ＝③ □ で、④ □ m

1000 m＝1 km だから、

⑤ □ km ⑥ □ m

長い道のりなどを
表すときには、
km のたんい
を使います。

ぴったり2
練習

★ できた問題には、「た」をかこう！★
でき ① でき ② でき ③

学習日
月　日

教科書 上 56〜62 ページ　答え 8 ページ

1 次のまきじゃくで、↓のめもりが表している長さをよみましょう。

教科書 57 ページ **1**

①
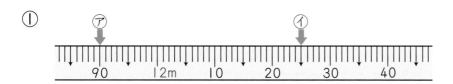

　　　　　　　　　　　㋐（　　　　　　　） ㋑（　　　　　　　）

🔍 よくみて
②
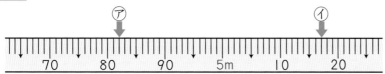

　　　　　　　　　　　㋐（　　　　　　　） ㋑（　　　　　　　）

2 次のまきじゃくで、①、②の長さを表すめもりに、↓をかきましょう。

教科書 57 ページ **1**

①　7 m 80 cm　　　　　　　②　8 m 15 cm

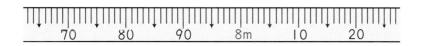

3 右の絵地図を見て、答えましょう。

教科書 60 ページ **1**

① あきほさんの家から駅までのきょりは、何 m ですか。

（　　　　　　　　　　）

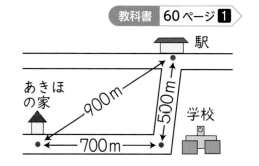

② あきほさんの家から駅までの道のりは、何 m ですか。また、何 km 何 m ですか。

（　　　　　　　）（　　　　　　　）

🔵ヒント　❸ まっすぐにはかった長さをきょり、道にそってはかった長さを道のりといいます。

27

⑤ 長いものの長さの
はかり方と表し方

時間 30分
／100
ごうかく 80点

教科書 上56〜65ページ　答え 8ページ

知識・技能　　　　　　　　　　　　　　　　　　／70点

1 よく出る 次のまきじゃくで、↓のめもりが表している長さをよみましょう。

1つ5点(20点)

①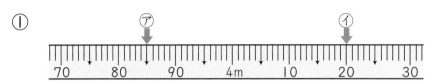

ア（　　　　　）　イ（　　　　　）

②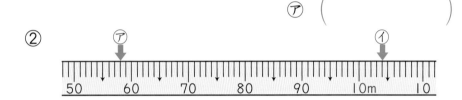

ア（　　　　　）　イ（　　　　　）

2 次の長さをはかります。あ、い、うのどれを使いますか。

1つ5点(20点)

① 新聞のたての長さ

（　　　　　）

② うんていの長さ

（　　　　　）

③ ノートの横の長さ

（　　　　　）

④ さくらの木のまわりの長さ

（　　　　　）

あ　まきじゃく
い　30cmのものさし
う　1mのものさし

3 □にあてはまる数を書きましょう。

①は全部できて　1問5点(10点)

① 1640m＝□km□m

② 1km30m＝□m

4 （　）にあてはまる、長さのたんいを書きましょう。　　1つ5点(20点)

① ゆうたさんのせの高さ

125（　　　　　）

② 家から駅までの道のり

2（　　　　　）

③ いちょうの木の高さ

9（　　　　　）

④ 算数の教科書のあつさ

6（　　　　　）

思考・判断・表現　　　　　　　　　　　　　　　　　／30点

5 ひろとさんの家から公園まで行きます。　　1つ5点(15点)

① ひろとさんの家から公園までのきょりは、何mですか。

（　　　　　　　　　）

② ゆうびん局の前を通って行くと、道のりは何mですか。

（　　　　　　　　　）

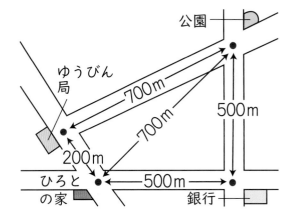

できたらスゴイ！

③ 銀行の前を通って行くのと、ゆうびん局の前を通って行くのでは、道のりのちがいは何mになりますか。

（　　　　　　　　　）

6 右の絵地図を見て、答えましょう。　　1つ5点(15点)

① ゆかりさんの家から駅までのきょりは、何km何mですか。

（　　　　　　　　　）

② ゆかりさんの家から駅までの道のりは、何mですか。また、何km何mですか。

（　　　　　）（　　　　　）

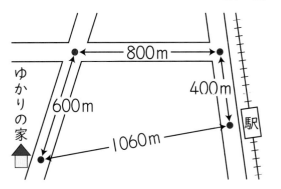

　**4**がわからないときは、26ページの**1**にもどってかくにんしてみよう。

① **整理のしかたとぼうグラフ**

✐ 次の表や □ にあてはまる数や記号を書きましょう。

◎めあて　表に整理してわかりやすく表せるようにしよう。　練習 ① →

★「正」の字を使って、数を調べます。

★「正」の字を数字になおして、表にまとめます。

> 一…1人　丅…2人　下…3人
> 下…4人　正…5人

1　すきな動物を調べました。
表に整理しましょう。

犬	ねこ	ねこ	犬	うさぎ
ねこ	うさぎ	犬	ねこ	ねこ

とき方　「正」の字を使って人数を調べ、⑦の表に
書きます。また、「正」の字を使って表した数を
数字になおし、④の表に書きます。

⑦
ねこ	正
犬	①
うさぎ	②

④　すきな動物と人数

しゅるい	人数（人）
ね こ	5
犬	③
うさぎ	④
合 計	⑤

◎めあて　ぼうグラフを読んだり、かいたりできるようにしよう。　練習 ② →

★ぼうの長さで数の大きさを表したグラフを、**ぼうグラフ**といいます。

★ぼうグラフに表すと、多い少ないがひと目でわかります。

2　右のぼうグラフについて答えましょう。
(1)　グラフの 1 めもりは、何人を表していますか。
(2)　ももの人数は、くりの人数より何人多いですか。
(3)　かきの人数は、なしの人数の何分の一ですか。

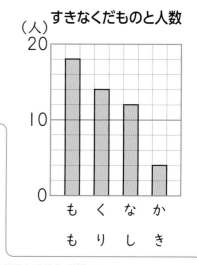
すきなくだものと人数

とき方　(1)　0 と □ の間が □ つに分けられて

いるから、1 めもりは □ 人を表しています。

(2)　ももは □ 人、くりは □ 人だから、

ももの人数が □ 人多いです。

(3)　かきは □ 人、なしは □ 人だから、

かきの人数は、なしの人数の □ です。

> ぼうグラフをよむ
> ときは、まず、1 めもり
> の大きさに注目しよう。

教科書 上 66〜75 ページ　答え 9 ページ

1 ひろきさんは、子ども会で、3年生のすきなスポーツを調べました。

教科書 67 ページ **1**、70 ページ **3**

野球	ドッジボール	水泳	たっ球	ドッジボール
サッカー	ドッジボール	サッカー	サッカー	サッカー
野球	サッカー	サッカー	水泳	ドッジボール
ドッジボール	テニス	サッカー	サッカー	野球

「正」の字を使って人数を調べ、下の㋐の表に書きましょう。

また、「正」の字を使って表した数を数字になおし、㋑の表に書きましょう。

㋐

サッカー	正下
ドッジボール	
野球	
テニス	
水泳	
たっ球	

㋑　すきなスポーツと人数

しゅるい	人数（人）
サッカー	8
ドッジボール	
野球	
その他	
合計	

人数の少ないものは、まとめて「その他」とするよ。

2 **1** の表を、ぼうグラフに表しましょう。

教科書 70 ページ **4**

① 横のじくにしゅるいを書きましょう。

② たてのじくの1めもりの数を決めましょう。

（　　　　　　　）

③ たてのめもりの数を書きましょう。

④ 数に合わせて、ぼうをかきましょう。

⑤ 表題を書きましょう。

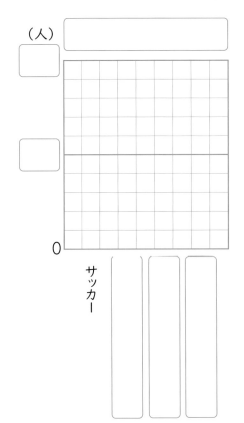

(人)

0

サッカー

1 「その他」には、テニスと水泳とたっ球をあわせた人数が入ります。

2 ② たてのじくの1めもりは、いちばん多い数が表せるように決めましょう。

31

教科書　上 76 ページ　　答え　9 ページ

✎ 次の表や □ にあてはまる数やことばを書きましょう。

◎めあて　いくつかの表を１つにまとめられるようにしよう。　　練習 ① ②→

全体の様子がわかるように、いくつかの表を、１つの表にまとめて整理することがあります。

1 下の表は、３年生の３クラスで、すきな動物を調べたものです。

すきな動物（１組）

しゅるい	人数（人）
ね　こ	9
犬	12
ハムスター	3
その他	4
合　計	28

すきな動物（２組）

しゅるい	人数（人）
ね　こ	11
犬	8
ハムスター	4
その他	2
合　計	25

すきな動物（３組）

しゅるい	人数（人）
ね　こ	10
犬	8
ハムスター	6
その他	3
合　計	27

(1) この表を、１つの表にまとめてみましょう。

(2) ハムスターがすきな人は何人ですか。

(3) すきな人がいちばん多いのはどの動物ですか。

とき方 (1) 上の表の数を書いたら、横にたし算の合計を書きます。たてと横の合計が同じになっていることをたしかめましょう。

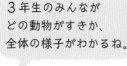

３年生のみんながどの動物がすきか、全体の様子がわかるね。

すきな動物（１〜３組）　　（人）

しゅるい ＼ 組	１組	２組	３組	合　計
ね　こ	9	11	10	30
犬	12	8	8	⑤
ハムスター	3	4	②	⑥
その他	4	2	③	⑦
合　計	28	①	④	⑧

(2) ハムスターがすきな人は、ハムスターのところの人数を横にたした合計で、

3＋4＋□＝□　だから、□人です。

(3) 横にたした合計は、ねこが□人、犬が□人、

ハムスターが□人だから、すきな人がいちばん多い動物は□です。

教科書 上76ページ ▷ 答え 10ページ

1 下の表は、3年生の3クラスで、すきなスポーツを調べたものです。

教科書 76ページ **1**

すきなスポーツ（1組）

しゅるい	人数（人）
サッカー	11
野球	7
ドッジボール	9
その他	3
合　計	30

すきなスポーツ（2組）

しゅるい	人数（人）
サッカー	9
野球	4
ドッジボール	12
その他	6
合　計	31

すきなスポーツ（3組）

しゅるい	人数（人）
サッカー	5
野球	7
ドッジボール	12
その他	4
合　計	28

① 1つの表にまとめましょう。

すきなスポーツ（1〜3組） （人）

しゅるい ＼ 組	1組	2組	3組	合　計
サッカー				
野球				
ドッジボール				
その他				
合　計				㋐

② 表の㋐に入る数は、何を表していますか。

（　　　　　　　　　　　　）

③ 3年生の3クラス全体で、すきな人がいちばん多いスポーツは何ですか。

（　　　　　　　　　　　　）

2 右の表は、3年1組で、読みたい本を調べたものです。

教科書 76ページ **1**

読みたい本（3年1組） （人）

しゅるい ＼ はん	1ぱん	2はん	3ぱん	合　計
どう話	6	5	4	㋑
物語	4	3	6	13
図かん	2	4	1	7
合　計	12	㋐	11	㋒

① ㋐、㋑、㋒にあてはまる数を書きましょう。

② 3ぱんで、読みたい人がいちばん多い本のしゅるいは何ですか。また、1組全体では、何ですか。

3ぱん（　　　　　　　　）　1組（　　　　　　　　）

ヒント　**1** ① 合計も書きましょう。 ② たてにたしても横にたしても同じ数になります。
2 ① ㋐はたてにたした合計、㋑は横にたした合計が入ります。

33

6 ぼうグラフと表

教科書 上66〜79ページ ／ 答え 10ページ

知識・技能 ／90点

1 3年1組の人たちのすきなくだものを、「正」の字を使って調べました。

①・②は全部できて 1問5点(20点)

いちご	メロン	バナナ	キウイ	みかん	ぶどう
正正	正正一	正丁	下	正	丁

① 「正」の字を使って表した数を数字になおして、右の表に書きましょう。

② 「その他」には、どんなくだものが入っていますか。

（　　　　　　　　　　　）

③ すきな人がいちばん多いくだものは何ですか。

（　　　　　　　　　　　）

すきなくだものと人数

しゅるい	人数（人）
いちご	
メロン	
バナナ	
みかん	
その他	
合計	

④ ゆかさんは、右上の表を見て、「すきな人がいちばん少ないくだものはみかんです。」と考えました。ゆかさんの考えは正しくありません。理由をせつ明しましょう。

（　　　　　　　　　　　　　　　　　　　　　　　　　　　　　）

2 下の表は、先週図書室で本をかりた人数を表したものです。

全部できて 1問10点(20点)

① 横のじくの1めもりの数を決め、めもりの数とたんいを書きましょう。

② 数に合わせて、ぼうをかきましょう。

曜日	人数（人）
月	40
火	30
水	75
木	60
金	80

図書室で本をかりた人数

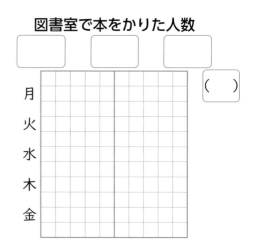

❸ 下のぼうグラフのそれぞれで、次の⑦、④を答えましょう。　1つ5点(30点)

　　⑦　｜めもりが表している大きさ　　　④　ぼうが表している大きさ

①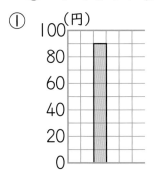

②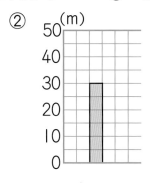

③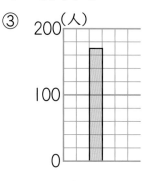

⑦（　　　　　　　）　　⑦（　　　　　　　）　　⑦（　　　　　　　）

④（　　　　　　　）　　④（　　　　　　　）　　④（　　　　　　　）

❹ 右の表は、10月、11月、12月にけがをした3年生の人数を、けがの
しゅるいごとにまとめ、｜つの表にしたものです。

①は全部できて　1問10点(20点)

① ⑦、④、⑦にあてはまる数
を書きましょう。

② 10月～12月の3か月で、
いちばん多いけがは何ですか。

（　　　　　　　　　）

けが調べ(10～12月)　　　　　　（人）

しゅるい ＼ 月	10月	11月	12月	合計
すりきず	5	9	6	20
切りきず	4	5	7	16
打ぼく	6	4	8	④
その他	3	6	2	11
合計	⑦	24	23	⑦

思考・判断・表現　　　　　　　　　／10点

❺ 右のグラフは、西小学校と
東小学校の3年生の、いちばん
すきな夕食のメニューを表した
ものです。

　さちさんは、「2つの小学校
では、ハンバーグがすきな人数は
同じです。」と考えましたが、
正しくありません。

　理由をせつ明しましょう。(10点)

（
　　　　　　　　　　　　　　　　　　　　　　　　　
　　　　　　　　　　　　　　　　　　　　　　　　　
　　　　　　　　　　　　　　　　　　　　　　　　　
）

西小学校
すきな夕食の
メニューと人数

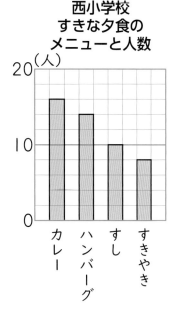

東小学校
すきな夕食の
メニューと人数

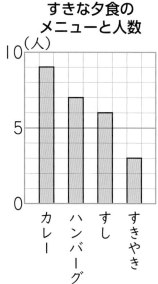

ふりかえり　❶①がわからないときは、30ページの❶にもどってかくにんしてみよう。

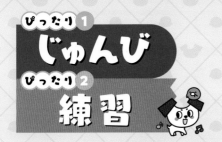
 次の □ にあてはまる数を書きましょう。

◎めあて かんたんなたし算やひき算を暗算でできるようにしよう。 練習 1 →

暗算には、数を何十といくつに分けたり、だいたい何十とみたり、いろいろなやり方があります。

1 暗算で計算しましょう。
(1) 49＋37
(2) 83－28

とき方 暗算のしかたは、いくつかあります。

自分のやりやすいしかたでやればいいんだね。

(1) ▶ 49 ＋ 37　　40＋30＝70
　　 40 9　30 7　　9＋7＝①□

　　 49＋37＝70＋②□ ＝③□

▶ 37 を 40 とみて、49＋40＝89
　　3多くたしているから → 3をひいて
　　49＋37＝89－④□ ＝⑤□

(2) ▶ 83 － 28　　70－20＝50
　　 70 13　20 8　　13－8＝5
　　 83－28＝50＋⑥□
　　 ＝⑦□

▶ 28 を 30 とみて、83－30＝53
　　2多くひいているから → 2をたして
　　83－28＝53＋⑧□
　　 ＝⑨□

1 暗算で計算しましょう。
教科書 80 ページ 1、81 ページ 2

① 42＋36　　② 27＋58　　③ 18＋54

④ 63＋29　　⑤ 25＋45　　⑥ 58－23

⑦ 40－16　　⑧ 64－39　　⑨ 51－47

⑩ 74－68　　⑪ 100－29　　⑫ 100－42

  ●ヒント　1 ⑦ 40 を 30 と 10、16 を 10 と 6 に分けたり、16 を 20 とみたりして計算することができます。

教科書 上 80〜81 ページ 答え 11 ページ

この本の終わりにある『夏のチャレンジテスト』をやってみよう！

知識・技能 /60点

1 暗算で計算しましょう。 1つ5点(60点)

① 27+41 　② 59+28 　③ 65+18

④ 34+56 　⑤ 76−34 　⑥ 80−49

⑦ 56−28 　⑧ 33−29 　⑨ 72−67

⑩ 81−74 　⑪ 100−38 　⑫ 100−13

思考・判断・表現 /40点

2 買い物に行きました。暗算で計算して答えましょう。 1つ10点(40点)

| キャンディー | 47 円 | グミ | 76 円 | せんべい | 54 円 | チョコレート | 24 円 |
| ビスケット | 38 円 | ポテトチップス | 34 円 | ミニラーメン | 33 円 | ラムネ | 63 円 |

① ビスケットとミニラーメンを 1 こずつ買います。あわせていくらですか。

（　　　　　　　）

② キャンディーとラムネのねだんのちがいはいくらですか。

（　　　　　　　）

③ せんべいを 1 こ買って 100 円玉 1 まいではらったときのおつりはいくらですか。

（　　　　　　　）

④ グミを 1 こと、もう 1 こ品物を買います。どの品物を買うと、代金が 100 円になりますか。

（　　　　　　　）

ふろくの『計算せんもんドリル』 17 〜 18 もやってみよう！

① あまりのあるわり算

教科書 上82〜88ページ　答え 12ページ

✎ 次の ◯ にあてはまる数を書きましょう。

◎めあて　あまりのあるわり算ができるようにしよう。　　練習 ❶❷❸❹→

☆23このあめを、１人に４こずつ分けると、５人に分けられて、３こあまります。
このことを式で、次のように書きます。

23÷4̲=5あまり3̲

わる数　あまり

4̲＞3̲

☆わり算のあまりは、わる数より小さくなるようにします。

1　色紙が16まいあります。１人に５まいずつ分けると、何人に分けられて、
何まいあまりますか。

とき方　式は、16÷5と書きます。

答えを見つけるときには ① ◯ のだんの九九を使います。

・２人に分けると、5×2̲=10
　── ② ◯ まいあまる。

・３人に分けると、5×3̲=15
　── ③ ◯ まいあまる。

・４人に分けると、5×4̲=20
　── ４まいたりない。

式　16÷5=④ ◯ あまり ⑤ ◯

答え ⑥ ◯ 人に分けられて、⑦ ◯ まいあまる。

あまりがある
ときも、わる
数のだんの
九九を使うん
だね。

◎めあて　わり算の答えが正しいかどうか、たしかめられるようにしよう。　練習 ❺→

わり算の答えは、右の計算で
たしかめられます。

23̲÷4̲=5̲あまり3̲
⋮　⋮　　⋮
4̲×5̲　＋　3̲=23̲

2　次の計算の答えをたしかめましょう。

(1) 52÷6=8 あまり 4　　　　(2) 65÷7=9 あまり 2

とき方　(1) 6× ◯ ＋ ◯ =5̲2̲

(2) ◯ × ◯ ＋ ◯ =6̲5̲

わられる数と同じに
なればいいんだよ。

教科書 上82〜88ページ　答え 12ページ

1 わりきれる計算と、わりきれない計算に分けましょう。 教科書 83ページ **1**

あ　18÷4　　い　42÷6　　う　54÷7　　え　48÷8

わりきれる計算（　　　　　　　）　　わりきれない計算（　　　　　　　）

2 クッキーが25まいあります。1ふくろに4まいずつ入れると、何ふくろできて、何まいあまりますか。 教科書 85ページ **2**

式

答え（　　　　　　　　　　　）

3 50cmのリボンを6cmずつに切ります。6cmのリボンは何本できて、何cmあまりますか。 教科書 85ページ **2**

式

答え（　　　　　　　　　　　）

4 おり紙が40まいあります。7人で同じ数ずつ分けると、1人分は何まいになって、何まいあまりますか。 教科書 86ページ **3**

式

答え（　　　　　　　　　　　）

5 計算をして、答えのたしかめもしましょう。 教科書 87ページ **4**

①　13÷2　　　　　　　　　　②　34÷6

③　47÷5　　　　　　　　　　④　25÷8

⑤　59÷7　　　　　　　　　　⑥　41÷9

ヒント　**1** わり算で、あまりがあるときは「わりきれない」といい、あまりがないときは「わりきれる」といいます。

② あまりを考える問題

✏ 次の ◯ にあてはまる数を書きましょう。

🎯 めあて　あまりに注目して答えを考える問題がとけるようにしよう。　練習 ①②③④➡

　わり算を使ってとく問題で、あまりがあるときは、場面とあまりに注目して、場面に合った答えをもとめます。

1 ドーナツが 34 こあります。1 箱に 5 このドーナツを入れていきます。全部のドーナツを入れるには、箱は何箱あればよいでしょうか。

(1) 式を書きましょう。

(2) 答えをもとめましょう。

とき方 (1)　34 このドーナツを 5 こずつ分けます。

式 ◯ ÷5＝ ◯ あまり 4

(2)　上の式から、箱を ◯ 箱使うと、箱に入らないドーナツが 4 このこることがわかります。

　全部のドーナツを箱に入れるには、のこり 4 こを入れる箱が、もう ◯ 箱ひつようです。

答え ◯ 箱

あまりの 4 は、どうすればいいのかな。

2 たこやきが 50 こあります。このたこやきを 8 こずつパックに入れていきます。8 こ入りのパックは何こできますか。

(1) 式を書きましょう。

(2) 答えをもとめましょう。

とき方 (1)　50 このたこやきを 8 こずつ分けます。

式 ◯ ÷ ◯ ＝ ◯ あまり ◯

(2)　上の式から、8 こ入りのパックが ◯ こできて、パックに入らないたこやきが ◯ このこることがわかります。

　のこりのたこやきでは 8 こ入りのパックはできません。　答え ◯ こ

1 子どもが 28 人います。6 人まですわることのできる長いすにすわっていきます。
みんながすわるには、この長いすは何こあればよいですか。　　　教科書 89 ページ **1**

　① 式を書きましょう。

　　　　　　　　　　　　　　　　　　　　　　（　　　　　　　　　　　）

　② 答えをもとめましょう。

　　　　　　　　　　　　　　　　　　　　　　（　　　　　　　　　　　）

2 68 ページの本を、1 日に 9 ページずつ読みます。
全部読み終わるまでに何日かかりますか。　　　教科書 89 ページ **1**

　① 式を書きましょう。

　　　　　　　　　　　（　　　　　　　　　　　）

　② 答えをもとめましょう。

　　　　　　　　　　　　　　　　　　（　　　　　　　　　　　）

3 花が 42 本あります。この花を 5 本ずつたばにして、花たばを作ります。
5 本ずつの花たばはいくつできますか。　　　教科書 89 ページ **2**

　① 式を書きましょう。

　　　　　　　　　　　　　　　　　　　（　　　　　　　　　　　）

　② 答えをもとめましょう。

　　　　　　　　　　　　　　　　　　　（　　　　　　　　　　　）

4 はばが 30 cm のたなに、あつさ 4 cm の本を立てていきます。
本は何さつ立てられますか。　　　教科書 89 ページ **2**

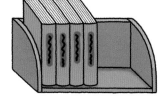

　① 式を書きましょう。

　　　　　　　　　　　（　　　　　　　　　　　）

　② 答えをもとめましょう。

　　　　　　　　　　　　　　　　　（　　　　　　　　　　　）

ヒント　**2** ② あまりの分のページを読む日も考えます。
　　　　4 ② あまりの分のはばには、4 cm の本は立てられません。

教科書 上82〜91 ページ ⬅️ 答え 13 ページ

知識・技能 ／64点

① 次のわり算で、わりきれないのはどれですか。　全部できて 4点

　　⑤ 21÷3　　　　⑥ 22÷4　　　　⑦ 28÷6　　　　⑧ 36÷9

　　⑨ 40÷5　　　　⑩ 45÷7　　　　⑪ 54÷6　　　　⑫ 58÷8

　　　　　　　　　　　　　　　　　　　（　　　　　　　　　　）

② 次の計算の答えをたしかめます。□にあてはまる数を書きましょう。
　　　　　　　　　　　　　　　　　　全部できて　1問5点(10点)

　① 14÷4＝3 あまり 2　　　　　② 36÷7＝5 あまり 1

　4×□＋□＝□　　　　　　　7×□＋□＝□

③ よく出る 計算をしましょう。　1つ5点(30点)

　① 9÷2　　　　② 17÷3　　　　③ 39÷6

　④ 44÷5　　　　⑤ 50÷8　　　　⑥ 64÷7

④ よく出る 計算をして、答えのたしかめもしましょう。　全部できて　1問5点(20点)

　① 25÷4　　　　　　　　　② 34÷7

　③ 46÷6　　　　　　　　　④ 75÷9

思考・判断・表現 ／36点

5 次の計算の答えが正しければ○を書き、まちがいがあれば正しい答えを
書きましょう。また、その理由をせつ明しましょう。 全部できて　1問6点(12点)

① 25÷3=7 あまり 4 　　　② 55÷9=6 あまり 1

（ 　　　　　　　　 ）　　　　　（ 　　　　　　　　 ）

理由 　　　　　　　　　　　理由

（ 　　　　　　　　 ）　　（ 　　　　　　　　 ）

6 問題に答えましょう。 式・答え全部できて　1問6点(24点)

① よく出る いちごが 20 こあります。

　　 1 人に 3 こずつ分けると、何人に分けられて、何こあまりますか。

式

答え（ 　　　　　　　　　　　 ）

よくよんで
② 1 こ 45 円のチョコレートが 35 こあります。

　　 8 人で同じ数ずつ分けると、1 人分は何こになって、何こあまりますか。

式

答え（ 　　　　　　　　　　　 ）

③ よく出る クッキーが 40 まいあります。1 箱に 6 まいのクッキーを入れて
いきます。
　　 全部のクッキーを箱に入れるには、箱は何箱あればよいでしょうか。

式

答え（ 　　　　　　　　　　　 ）

④ 子どもが 58 人います。1 チーム 9 人でソフトボールのチームをつくります。
　　 9 人のチームは何チームできますか。

式

答え（ 　　　　　　　　　　　 ）

ふりかえり ② がわからないときは、38 ページの ② にもどってかくにんしてみよう。

ふろくの「計算せんもんドリル」19～21もやってみよう！

ぴったり1 じゅんび

3分でまとめ

⑨ 大きい数のしくみ

① 数の表し方

学習日　　月　　日

教科書 上 92〜101 ページ　答え 14 ページ

✏️ 次の □ にあてはまる数や記号を書きましょう。

🎯 **めあて** 10000 より大きい数のしくみをわかるようにしよう。　　練習 ①②➡

★一万を 3 こ集めた数を**三万**といい、| | | 3 | 0 | 0 | 0 | 0 | と書きます。

★一万を 10 こ集めた数を**十万**といい、| | | 1 | 0 | 0 | 0 | 0 | 0 |

　十万を 10 こ集めた数を**百万**といい、| | 1 | 0 | 0 | 0 | 0 | 0 | 0 |

　百万を 10 こ集めた数を**千万**といい、| 1 | 0 | 0 | 0 | 0 | 0 | 0 | 0 | と書きます。

1 (1)の数を読みましょう。(2)を数字で書きましょう。

(1) 48375206　　　　　　　(2) 二百五十八万七千四十三

とき方 一万の位の左は、十万、百万、千万の位です。

千万の位	百万の位	十万の位	一万の位	千の位	百の位	十の位	一の位
4	8	3	7	5	2	0	6
2	5	8	7	0	4	3	

(1) 四千 □ 万五千二百六 と読みます。

(2) 百万の位が 2、十万の位が 5、一万の位が 8、……
だから、□ と書きます。

🎯 **めあて** 等号、不等号を使えるようにしよう。　　練習 ③④➡

★右のような数の線を、**数直線**といいます。
右の数直線のいちばん小さい 1 めもりは
1000 を表しています。

0　　　　　　　　　　10000

★千万を 10 こ集めた数を**一億**といい、100000000 と書きます。

★＝の記号を**等号**といいます。また、＞、＜の記号を**不等号**といいます。

2 □ にあてはまる等号、不等号を書きましょう。

(1) 300 万 □ 500 万　　　　　　(2) 40000 □ 60000−20000

とき方 (1) 300 万より 500 万のほうが大きいです。
300 万 □ 500 万

(2) 60000−20000＝ □ と計算できます。
└─ 10000 をもとにすると、6−2
40000 □ 60000−20000

同 ＝ 同
大 ＞ 小
小 ＜ 大
のように、
使います。

ぴったり2
練習

★できた問題には、「た」をかこう！★
でき ① でき ② でき ③ でき ④

学習日   月   日

教科書 上 92～101 ページ　答え 14 ページ

1 ①、②の数を読みましょう。③、④、⑤を数字で書きましょう。

教科書 95 ページ 2

① 586924

② 20037510

(　　　　　　　)

(　　　　　　　)

！まちがい注意

③ 十四万五千百十七

④ 七百二十万三千六百

(　　　　　　　)

(　　　　　　　)

⑤ 千万を 8 こ、百万を 3 こ、十万を 2 こ、一万を 9 こあわせた数

(　　　　　　　)

2 □にあてはまる数を答えましょう。

教科書 97 ページ 3

① 1000 を 56 こ集めた数は、□です。

② 470000 は、1000 を□こ集めた数です。

(　　　　　　　)

(　　　　　　　)

3 下の数直線で、ア、イ、ウのめもりが表している数を書きましょう。
また、①8000、②31000 を表すめもりに↑をかきましょう。

教科書 98 ページ 4

```
0      10000    20000    30000    40000    50000
├─┼─┼─┼─┼─┼─┼─┼─┼─┼─┤
   ↑              ↑              ↑
   ア             イ             ウ
```

ア (　　　　　)　イ (　　　　　)　ウ (　　　　　)

4 □にあてはまる等号、不等号を書きましょう。

教科書 100 ページ 5

① 9000 □ 8000

② 6000＋4000 □ 10000

③ 700 万－300 万 □ 500 万

④ 80000 □ 130000－60000

●ヒント
③ 数直線のいちばん小さい1めもりが10こで10000になっています。
④ ④ 130000－60000は、10000をもとにすると、13－6です。

45

⑨ 大きい数のしくみ

② 10倍した数と10でわった数

教科書　上102〜103ページ　➡ 答え　15ページ

✏ 次の◯◯にあてはまる数を書きましょう。

◎めあて　10倍した数や100倍、1000倍した数をもとめられるようにしよう。　練習 ❶ ❷ →

数を10倍すると、位が1つずつ上がり、
もとの数の右に0を1こつけた数になります。

百	十	一
	3	5
3	5	0

10倍

れい　35×10=350

1 72を10倍、100倍、1000倍した数は、それぞれいくつですか。

とき方　数を10倍すると、もとの数の右に
①◯◯を1こつけた数になります。

10倍の10倍は②◯◯倍になり、

さらに10倍すると、③◯◯倍になります。

72×10=④◯◯

72×100=⑤◯◯

72×1000=⑥◯◯

万	千	百	十	一
			7	2
		7	2	0
	7	2	0	0
7	2	0	0	0

10倍
10倍
10倍
100倍
1000倍

10倍は1つずつ、
100倍は2つずつ、
1000倍は3つずつ
位が上がっているね。

◎めあて　10でわった数をもとめられるようにしよう。　練習 ❶ ❸ →

一の位が0の数を10でわると、位が1つずつ下がり、
もとの数の一の位の0をとった数になります。

百	十	一
4	5	0
	4	5

10でわる

れい　450÷10=45

2 420を10でわった数はいくつですか。

とき方　一の位が0の数を10でわると、一の位の◯◯をとった数になります。

420÷10=◯◯

一の位の0をとる。

百の位の数字が十の位の数字に、
十の位の数字が一の位の数字に
なるね。

百	十	一
4	2	0
	4	2

10でわる

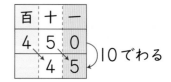

教科書　上 102〜103 ページ　答え　15 ページ

① 96 を 10 倍した数、960 を 10 でわった数は、それぞれいくつですか。

教科書　102 ページ **1**

96×10＝ ☐ 　　　　960÷10＝ ☐

② 次の数を 10 倍、100 倍、1000 倍した数は、それぞれいくつですか。

教科書　102 ページ **1**、103 ページ **2**

① 48 　　　　　　　　　　② 521

10 倍 （　　　　　　）　　　10 倍 （　　　　　　）
100 倍 （　　　　　　）　　100 倍 （　　　　　　）
1000 倍 （　　　　　　）　1000 倍 （　　　　　　）

③ 370 　　　　　　　　　　④ 200

10 倍 （　　　　　　）　　　10 倍 （　　　　　　）
100 倍 （　　　　　　）　　100 倍 （　　　　　　）
1000 倍 （　　　　　　）　1000 倍 （　　　　　　）

③ 次の数を 10 でわった数は、それぞれいくつですか。

教科書　102 ページ **1**

① 80 　　　　　② 650 　　　　　③ 700

（　　　　　）　（　　　　　）　（　　　　　）

ヒント　**②** 数を 100 倍、1000 倍すると、もとの数の右にそれぞれ、0 を 2 こ、3 こつけた数になります。
　　　　　　③ 一の位が 0 の数を 10 でわると、一の位の 0 をとった数になります。

⑨ 大きい数のしくみ

時間 30分

/100

ごうかく 80点

教科書 上92〜105ページ 〉 答え 15ページ

知識・技能 /80点

❶ ☐にあてはまる数を書きましょう。 全部できて 1問4点(8点)

① 58040は、一万を☐こ、千を☐こ、十を☐こあわせた数です。

② 89130000の十万の位の数字は☐、8は☐の位の数字です。

❷ よく出る 次の数を数字で書きましょう。 1つ4点(16点)

① 五千六百一万二千三百四十二

( )

② 百万を4こ、十万を2こ、千を6こあわせた数

( )

③ 1000を185こ集めた数　④ 千万を10こ集めた数

( )　　　　　　　( )

❸ ア、イ、ウ、エのめもりが表している数を書きましょう。 1つ4点(16点)

①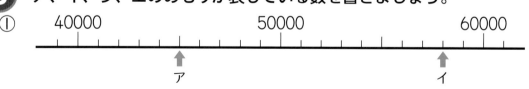

ア ( )　イ ( )

②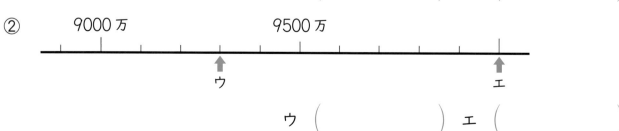

ウ ( )　エ ( )

4 □にあてはまる等号、不等号を書きましょう。　　　　　1つ5点（20点）

① 3000 □ 4000　　　　② 70000 □ 90000−30000

③ 80万＋20万 □ 100万　　　④ 800万−500万 □ 400万

5 次の数を 10 倍、100 倍、1000 倍した数は、それぞれいくつですか。

全部できて　1問5点（10点）

① 69　　　　　　　　　　② 800

　　　10 倍 （　　　　　）　　　　10 倍 （　　　　　）

　　　100 倍 （　　　　　）　　　100 倍 （　　　　　）

　　　1000 倍 （　　　　　）　　1000 倍 （　　　　　）

6 次の数を 10 でわった数は、それぞれいくつですか。　　　1つ5点（10点）

① 50　　　　　　　　　　② 470

　　　　（　　　　　）　　　　　　　（　　　　　）

思考・判断・表現　　　　　　　　　　　　　／20点

7 62000 はどんな数ですか。□にあてはまる数を書きましょう。　1つ5点（20点）

① 60000 と □ をあわせた数です。

② 70000 より □ 小さい数です。

③ 1000 を □ こ集めた数です。

④ 6200 を □ 倍した数です。

ふりかえり ②①がわからないときは、44 ページの ❶ にもどってかくにんしてみよう。

49

ぴったり1
じゅんび
3分でまとめ

10 かけ算の筆算(1)
① 何十、何百のかけ算
② 2けたの数に1けたの数をかける計算

教科書 上106~114ページ　答え 16ページ

✏️ 次の◻️にあてはまる数を書きましょう。

🎯 **めあて** 何十、何百のかけ算ができるようにしよう。　　練習 ❶➡

⭐かけられる数が10倍になると、答えも10倍になります。

⭐かけられる数が100倍になると、答えも100倍になります。

1 計算をしましょう。

(1) 60×3　　　　　　　　　　　　　(2) 400×7

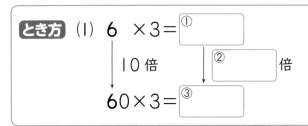 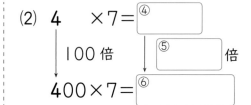

🎯 **めあて** （2けたの数）×（1けたの数）の筆算ができるようにしよう。　　練習 ❷❸➡

筆算は、位をたてにそろえて書き、一の位からじゅんに、かける数のだんの九九を使って計算します。くり上がりにも注意しましょう。

2 筆算で計算しましょう。

(1) 18×4　　　　　　　　　　　　　(2) 37×6

とき方 位をたてにそろえて書き、一の位から計算します。

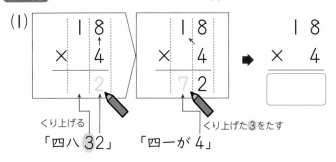

(1) くり上げる　　くり上げた3をたす
「四八 32」　　「四一が 4」

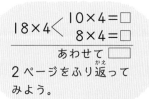

$18×4 \begin{cases} 10×4=□ \\ 8×4=□ \end{cases}$
あわせて □
2ページをふり返ってみよう。

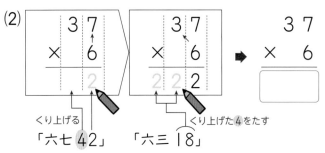

(2) くり上げる　　くり上げた4をたす
「六七 42」　　「六三 18」

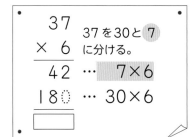

37
× 6
――――
42 … 7×6
180 … 30×6
――――

37を30と7に分ける。

ぴったり 2
練習

★ できた問題には、「た」をかこう！★
でき ① でき ② でき ③

学習日　　月　　日

教科書　上 106〜114 ページ　　答え　16 ページ

① 計算をしましょう。

教科書　107 ページ 1、108 ページ 2

① 20×2　　② 40×6　　③ 80×9

④ 700×3　　⑤ 900×7　　⑥ 600×5

② 筆算で計算しましょう。

教科書　109 ページ 1、112 ページ 2

① 14×2　　② 21×4　　③ 30×2

④ 13×5　　⑤ 39×2　　⑥ 15×6

③ 筆算で計算しましょう。

教科書　113 ページ 3、114 ページ 4

① 62×4　　② 70×5　　③ 84×9

④ 18×7　　⑤ 46×9　　⑥ 63×8

ヒント
2　④・⑤・⑥　一の位から十の位へのくり上がりがあります。
3　答えは 3 けたになります。

✏️ 次の ☐ にあてはまる数を書きましょう。

🎯 **めあて** （3けたの数）×（1けたの数）の筆算ができるようにしよう。　　練習 ❶ ❷ →

　筆算は、位をたてにそろえて書き、一の位からじゅんに位ごとにかけ算をします。

　かけられる数が3けたになっても、かける数のだんの九九を使って答えがもとめられます。

1 筆算で計算しましょう。

(1)　264×3　　　　　　　　　　(2)　456×7

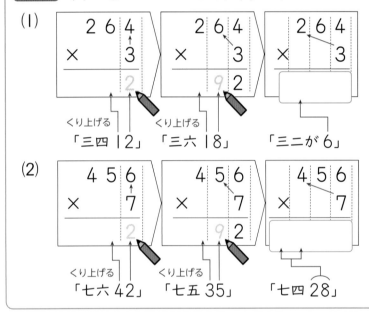

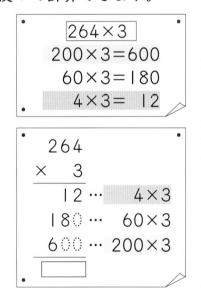

とき方　(1)は 3 のだんの九九、(2)は 7 のだんの九九だけを使って計算できます。

🎯 **めあて** かけ算のきまりを、計算で使えるようにしよう。　　練習 ❸ →

🐾 **かけ算のきまり**

　3つの数のかけ算では、はじめの2つの数を先に計算しても、あとの2つの数を先に計算しても、答えは同じになります。

2 267×5×2 を、くふうして計算しましょう。

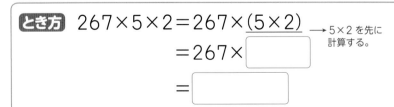

とき方　267×5×2＝267×(5×2)　→ 5×2を先に
　　　　　　　　　　　　　　　　　　　計算する。

　　　　　　　＝267×☐

　　　　　　　＝☐

（267×5）×2
より、計算は
かんたんそうだね。

ぴったり 2

練習

学習日　月　日

★ できた問題には、「た」をかこう！★
でき ① でき ② でき ③

教科書　上 115〜118 ページ　答え　16 ページ

1 筆算で計算しましょう。

教科書 115 ページ **1**

① 234×2

② 313×3

③ 403×2

2 筆算で計算しましょう。

教科書 117 ページ **2**

① 325×3

② 183×3

③ 234×4

④ 924×2

⑤ 407×5

⑥ 723×6

⑦ 537×3

⑧ 926×4

⑨ 469×9

3 くふうして計算しましょう。

教科書 118 ページ **3**

① 80×3×3

② 189×2×5

③ 37×25×4

ヒント

2 ⑦・⑧ 十の位から百の位へくり上げるときに注意しましょう。

3 ②・③ 10倍、100倍の計算にします。

⑩ かけ算の筆算(1)

教科書 上 106〜120 ページ 答え 17 ページ

知識・技能 ／50点

1 計算をしましょう。 1つ4点(12点)

① 90×3 ② 300×2 ③ 800×6

2 下の筆算の考え方で、□ にあてはまる数を書きましょう。 1つ3点(6点)

```
   4 3 1
 ×    2
       2  …… 1×2=   2
     6〇  ……⑦×2= 60
   8〇〇  ……⑦×2=800
   8 6 2
```

⑦ (   )

⑦ (   )

3 よく出る 筆算で計算しましょう。 1つ4点(24点)

① 12×3

② 37×8

③ 68×6

④ 162×4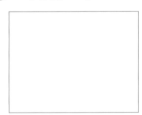

⑤ 283×7

⑥ 889×9

4 くふうして計算しましょう。 1つ4点(8点)

① 58×2×5 ② 700×3×3

思考・判断・表現 　　　　　　　　　　　　　　　　　　　　　　／50点

5 答えの見当をつけて、筆算のまちがいを見つけましょう。
また、正しく計算しましょう。　　　　　　　　　　　　全部できて　1つ5点(10点)

①
```
    73
×    6
  4218
```

②
```
   502
×    3
   156
```

答えの見当をつける式

(　　　　　　　　　　)　(　　　　　　　　　　)

6 プリンの入った箱が 7 箱あります。1 箱に 15 こずつ入っています。
プリンは、全部で何こありますか。　　　　　　　式・答え　1つ5点(10点)

式

答え (　　　　　　　　　　)

7 36 こ入りのあめを 4 ふくろ買います。1 ふくろ 252 円です。式・答え　1つ5点(20点)
① 代金はいくらですか。

式

答え (　　　　　　　　　　)

② あめは全部で何こですか。

式

答え (　　　　　　　　　　)

8 1 こ 164 円のおかしが、1 箱に 5 こずつ入っています。2 箱買うと、代金は
いくらですか。1 つの式に表してもとめましょう。　　式・答え　1つ5点(10点)

式

答え (　　　　　　　　　　)

ふりかえり　❶がわからないときは、50 ページの❶にもどってかくにんしてみよう。

ふろくの「計算せんもんドリル」 22 ～ 28 もやってみよう！

ぴったり 1 じゅんび

11 大きい数のわり算、分数とわり算

① 大きい数のわり算
② 分数とわり算

学習日　　月　　日

📖教科書　上122〜125ページ　✏️答え　18ページ

✏️次の ⬜ にあてはまる数を書きましょう。

🎯めあて　大きい数のわり算ができるようにしよう。　　練習 ❶ ❷→

　大きい数をわる計算も、わられる数を位ごとに分けて考えると、わる数の
だんの九九を使って、答えをもとめることができます。

1 計算をしましょう。

(1) 80÷4　　　　　　　　　　　(2) 84÷4

とき方 (1) 80は、10が ⑦［　　］こ
です。

10をもとに考えると、

10が ②［　　］÷4=③［　　］で、

④［　　］こだから、

80÷4=⑤［　　］

(2)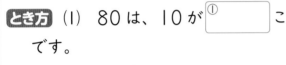
　　84
　 ╱╲
　80　 4

80÷4=⑥［　　］
4÷4=　　1
あわせて ⑦［　　］

位ごとに分けて
計算するんだね。

🎯めあて　 の長さを、わり算を使ってもとめることができるようにしよう。　練習 ❸ ❹→

　等しい大きさに分けることを、「等分する」といいます。

れい 40cmの $\frac{1}{5}$ の長さは、40cmを5等分した1こ分の長さだから、

40÷5の式でもとめることができます。

2 60cmの $\frac{1}{3}$ の長さは何cmですか。

とき方 60cmの $\frac{1}{3}$ の長さは、

60÷［　　］=［　　］

答え ［　　］cm

60cmの $\frac{1}{3}$ の長さは、
60cmを3等分した
長さの1こ分だから、…

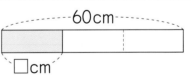
60cm

□cm

練習

★ できた問題には、「た」をかこう！★

でき ① でき ② でき ③ でき ④

学習日　　　月　　　日

教科書　上 122〜125 ページ　　答え　18 ページ

1 計算をしましょう。

教科書 122 ページ **1**、123 ページ **2**

① 60÷2　　　② 80÷2　　　③ 40÷4

④ 90÷9　　　⑤ 63÷3　　　⑥ 86÷2

⑦ 93÷3　　　⑧ 44÷4　　　⑨ 55÷5

2 48 まいの色紙を、4 人で同じ数ずつ分けます。1 人分は何まいになりますか。

教科書 123 ページ **2**

式

答え（　　　　　　　）

3 ㋐と㋑の長さでは、どちらが長いですか。計算をしないで答えましょう。

教科書 125 ページ **2**

㋐　39 cm の $\frac{1}{3}$ の長さ　　　㋑　69 cm の $\frac{1}{3}$ の長さ

（　　　　　　　）

4 もとの長さの $\frac{1}{5}$ が 24 cm でした。

もとの長さは何 cm ですか。　教科書 125 ページ ②

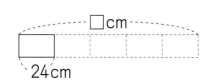

式

答え（　　　　　　　）

ヒント　④ 5 等分した 1 こ分の長さが 24 cm です。

57

ぴったり3 たしかめのテスト

⑪ 大きい数のわり算、分数とわり算

時間 30分
／100
ごうかく 80点

教科書 上122〜125ページ 答え 18ページ

知識・技能 ／50点

1 ☐にあてはまる数を書いて、計算のしかたをまとめましょう。

全部できて 1つ7点(14点)

① 80÷2 の計算のしかた

10 をもとに考えると、
10 が ⑦☐ ÷2＝ ⑦☐ で、
⑦☐ こだから、
80÷2＝ ㋓☐

② 26÷2 の計算のしかた

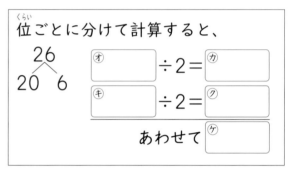
位ごとに分けて計算すると、

㋔☐ ÷2＝ ㋕☐
㋖☐ ÷2＝ ㋗☐
あわせて ㋘☐

2 計算をしましょう。

1つ3点(18点)

① 40÷2   ② 70÷7   ③ 90÷3

④ 50÷5   ⑤ 60÷3   ⑥ 80÷8

3 計算をしましょう。

1つ3点(18点)

① 36÷3   ② 42÷2   ③ 66÷3

④ 68÷2   ⑤ 88÷4   ⑥ 96÷3

思考・判断・表現　　　　　　　　　　　　　　　　　　　　　／50点

4 問題に答えましょう。　　　　　　　　　式・答え　1つ5点(20点)

① 30まいのおり紙を、3人で同じ数ずつ分けます。1人分は何まいになりますか。

式

　　　　　　　　　　　　　　　　　　　　答え（　　　　　　　　）

② 46このおはじきを、2人で同じ数ずつ分けます。1人分は何こになりますか。

式

　　　　　　　　　　　　　　　　　　　　答え（　　　　　　　　）

5 24cmの$\frac{1}{4}$の長さは何cmですか。　　　式・答え　1つ5点(10点)

式

　　　　　　　　　　　　　　　　　　　　答え（　　　　　　　　）

📖 よくよんで

6 赤色のリボンと青色のリボンがあります。

赤色のリボンの長さの$\frac{1}{3}$が12mで、青色のリボンの長さの$\frac{1}{3}$が15mです。

式・答え　1つ5点(20点)

① 赤色のリボンのもとの長さは何mですか。

式

　　　　　　　　　　　　　　　　　　　　答え（　　　　　　　　）

② 赤色のリボンのもとの長さと青色のリボンのもとの長さのちがいは、何mですか。

式

　　　　　　　　　　　　　　　　　　　　答え（　　　　　　　　）

 ふりかえり **1** がわからないときは、56ページの **1** にもどってかくにんしてみよう。

ふろくの「計算せんもんドリル」 **6** もやってみよう！

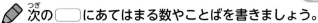

⑫ 円と球

① **円**
② **球**

教科書　下2〜10ページ　🖊答え　19ページ

✏次の ◯ にあてはまる数やことばを書きましょう。

🎯**めあて** 円とその中心、半径、直径についてわかるようにしよう。　練習 ❶ ❷ ❸→

⭐１つの点から長さが等しくなるようにかいたまるい形を、**円**といいます。

⭐円の真ん中の点を、円の**中心**、中心から円のまわりまで
ひいた直線を、**半径**といいます。

⭐中心を通るように円のまわりからまわりまでひいた直線
を、**直径**といいます。

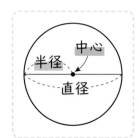

1 右の円で、半径アイの長さをはかりましょう。
また、この円の直径の長さは何cmですか。

とき方 半径アイの長さは ◯ cm ◯ mm です。

直径の長さは、半径の ◯ 倍で、 ◯ cm です。

直径の長さは、
半径の２倍です。
おぼえておこう。

半径は、アイのほかにも
たくさんひけるけど
みんな同じ長さだね。

🎯**めあて** 球とその中心、半径、直径についてわかるようにしよう。　練習 ❹→

⭐どこから見ても円に見える形を、**球**といいます。

⭐球を半分に切ったとき、　←切り口がいちばん大きい。
その切り口の円の中心、半径、直径を
球の**中心**、**半径**、**直径**といいます。

ボール

2 ボールの半径の長さをはかるために
右のようにしました。
ボールの半径の長さは何cmですか。

←16cm→

とき方 16cmは、このボールの ◯ の長さです。
半径の長さを求めましょう。

式　16÷ ◯ ＝ ◯ 　　　答え ◯ cm

球はどこで
切っても
切り口は
円になるよ。

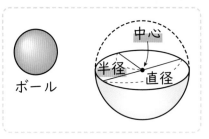

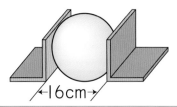

教科書　下 2〜10 ページ　　答え　19 ページ

1 アの点は円の中心です。

教科書　4 ページ **2**、5 ページ **3**

① ウの点を通る半径をかきましょう。

② エの点を通る直径をかきましょう。

③ 直径の長さは何 cm ですか。

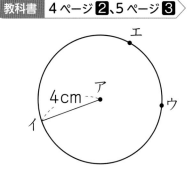

（　　　　　　）

2 アの点を中心として、コンパスを使って、次の円をかきましょう。

教科書　7 ページ **4**

① 半径が
2 cm 5 mm の円

② 直径が 4 cm の円

① ・ア

② ・ア

3 下の⑦、⑦、⑦の直線の長さをくらべ、長いじゅんに答えましょう。

教科書　8 ページ **5**

⑦　　　⑦　　　⑦

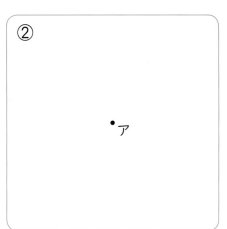

コンパスを使うと長さをうつしとることができます。

（　　　　　　）

🔍 よくみて

4 右のように、同じ大きさのボールが 2 こぴったり入っている箱があります。この箱のたての長さは 12 cm です。ボールの半径は何 cm ですか。

教科書　10 ページ **1**

たて

（　　　　　　）

● ヒント
3 コンパスを、⑦の長さに開いて、その長さと⑦や⑦の長さをくらべます。
4 箱のたての長さは、ボールの直径の 2 こ分です。

⑫ 円と球

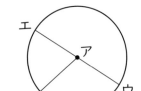
教科書　下2〜13ページ　答え　20ページ

知識・技能　　　　　　　　　　　　　　　　　　　　　／70点

❶ よく出る □にあてはまる数やことばを書きましょう。　1つ5点（20点）

① 円の真ん中のアの点を、円の □ といいます。

② アの点から円のまわりまでひいたアイの直線を、円の □ といいます。

③ アの点を通るように円のまわりからまわりまでひいたウエの直線を、円の □ といいます。

④ アイの直線の長さが7cmのとき、ウエの直線の長さは □ cm です。

❷ どこから見ても円に見える形があります。□にあてはまる数やことばを書きましょう。　1つ5点（20点）

① この形を、□ といいます。

② どこを切っても、切り口はいつも □ になります。

□ に切ったとき、切り口はいちばん大きくなります。

③ 直径が20cmのとき、半径は □ cm です。

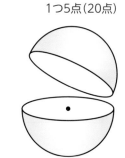

❸ コンパスを使って、下のもようをかきましょう。（10点）

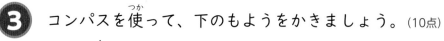

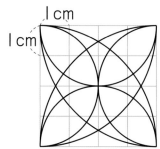

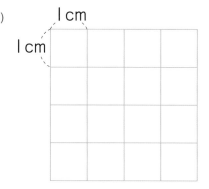

4 下の直線の長さは、右の直線⑦の長さの何こ分ありますか。
コンパスを使って調べましょう。　　　　　　　　　　　　　　（10点）

（　　　　　　　）

5 下の図で、⑦の線と⑦の直線では、どちらが長いでしょうか。コンパスを使って、
⑦の長さを⑦にうつしとり、長さをくらべましょう。　　　　　　（10点）

（　　　　　　　）

思考・判断・表現　　　　　　　　　　　　　　　　　　　　　／30点

6 右の図のように、直径36cmの大きい円の中に
直径が同じ小さい円が3つならんでいます。
　小さい円の半径は何cmですか。　　（10点）

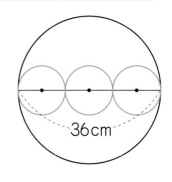

36cm

（　　　　　　　）

7 よく出る 右の図のように、半径5cmのボールが6こぴったり入っている箱が
あります。
　　　　　　　　　　　　　　　②は全部できて　1問10点（20点）

① ボールの直径は何cmですか。

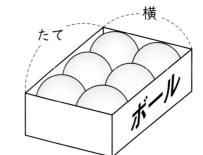

横
たて
ボール

（　　　　　　　）

② 箱のたて、横の長さは、それぞれ何cmですか。

たて（　　　　　　　）　横（　　　　　　　）

ふりかえり ①がわからないときは、60ページの①にもどってかくにんしてみよう。

3分でまとめ

⑬ 小数

① 1より小さい数の表し方
② 小数のしくみ

教科書　下 14〜21 ページ　🖉 答え　20 ページ

✏ 次の ☐ にあてはまる数やことば、記号を書きましょう。

🎯 めあて　1より小さい数を小数を使って表せるようにしよう。　練習 ❶ ❷ ❸ →

⭐ 1 L を 10 等分した 1 こ分のかさを、**0.1 L** と書き、
「れい点一リットル」と読みます。

⭐ 1.7 や 0.2 のような数を**小数**といい、「.」を**小数点**
といいます。

⭐ 0、1、2、3、…のような数を**整数**といいます。

1 L

0.1 L

1 下の図で、水のかさは何 L ですか。また、テープの長さは何 cm ですか。

(1)　1 L　　1 L

(2)

3 cm 2 mm…。

とき方 (1) 少ないかさは、0.1 L の
☐ こ分で、☐ L です。
水のかさは、
1 L とあわせて、☐ L です。

(2) 1 mm は、1 cm を 10 等分した
1 こ分の長さで、☐ cm と
表せます。
テープの長さは、3 cm と、0.1 cm
の 2 こ分で、☐ cm です。

🎯 めあて　小数のしくみと、大小がわかるようにしよう。　練習 ❹ ❺ →

⭐ 136.5 は、100 を 1 こ、10 を 3 こ、1 を 6 こ、0.1 を 5 こあわせた数です。
⭐ 小数点のすぐ右の位を、**小数第一位**といいます。

2 48.7 の 4、8、7 は、それぞれ何の位の数字ですか。

とき方 右のように、4 は十の位、8 は一の位、
7 は ☐ の数字です。

十の位	一の位	小数第一位
4	8	7

3 1.9 と 2 では、どちらが大きいですか。不等号を使って表しましょう。

とき方 1.9 は 0.1 が ☐ こ分、2 は 0.1 が ☐ こ分だから、

1.9 ☐ 2 ← 0.1 のこ数をくらべて

ぴったり **2**
練習

★ できた問題には、「た」をかこう！★
でき **1**　でき **2**　でき **3**　でき **4**　でき **5**

学習日　　月　　日

教科書　下 14～21 ページ　　答え　20 ページ

1 水のかさだけ色をぬりましょう。　　教科書 17 ページ ②

① 1.6 L　　1L　　1L

② 0.3 L　　1L

2 ⑦から、イ、ウ、エまでの長さは、それぞれ何 cm ですか。　教科書 18 ページ **2**

⑦　エ　　イ　　　ウ

イ （　　　　　　　）

ウ （　　　　　　　）

エ （　　　　　　　）

3 □にあてはまる数を書きましょう。　教科書 17 ページ ④、18 ページ **2**、19 ページ △

① 4 L 5 dL ＝ □ L

② 25 cm 7 mm ＝ □ cm

③ 3.8 は、0.1 を □ こ集めた数です。

4 次のア、イ、ウの数を数直線に表し、大きいじゅんに答えましょう。
ア 1.7　　　イ 0.2　　　ウ 3.3　　　教科書 21 ページ **2**

0　　1　　2　　3　　4

（　　　　　）＞（　　　　　）＞（　　　　　）

5 □にあてはまる不等号を書きましょう。　教科書 21 ページ **2**

① 0.7 □ 0.5　　② 4.6 □ 5.2　　③ 8 □ 8.1

ヒント　③ ① 1 dL＝0.1 L です。
④ 数直線に表すと、右のほうにあるほど大きい数です。

65

13 小数

③ 小数のしくみとたし算、ひき算

教科書 下 22～24 ページ　答え 21 ページ

✏️ 次の◯◯にあてはまる数を書きましょう。

🎯 **めあて** 小数のたし算、ひき算のしかたが考えられるようにしよう。 練習 **1** →

　小数のたし算とひき算は、
　0.1 の何こ分になるかを考えて計算します。

> こ数の計算と考えれば、整数の計算とみることができるよね。

1 計算をしましょう。

(1) 0.2＋0.5　　　　　　　　　(2) 1.3－0.7

とき方 (1)　0.2 は、0.1 が ◯◯ こ
　　　　　　0.5 は、0.1 が ◯◯ こ
　　　0.1 をもとにすると、
　　　　2＋5＝◯◯ ← 0.1 のこ数
　　　だから、0.2＋0.5＝◯◯

(2)　1.3 は、0.1 が ◯◯ こ
　　　0.7 は、0.1 が ◯◯ こ
　0.1 をもとにすると、
　　13－7＝◯◯ ← 0.1 のこ数
　だから、1.3－0.7＝◯◯

🎯 **めあて** 小数のたし算とひき算の筆算ができるようにしよう。 練習 **2 3 4** →

🐾 **小数のたし算とひき算の筆算**

❶ 位をそろえて書きます。

❷ 整数のたし算、ひき算と
　同じように計算します。

❸ 上の小数点にそろえて、答えの小数点をうちます。

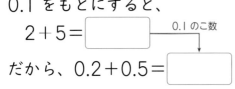

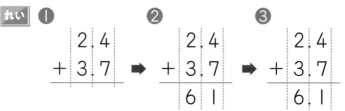

れい ❶　2.4 ＋3.7　➡　❷　2.4 ＋3.7 ＝6.1　➡　❸　2.4 ＋3.7 ＝6.1

2 筆算で計算しましょう。

(1) 4.5＋2.8　　　　(2) 3.3＋2.7　　　　(3) 2－1.5

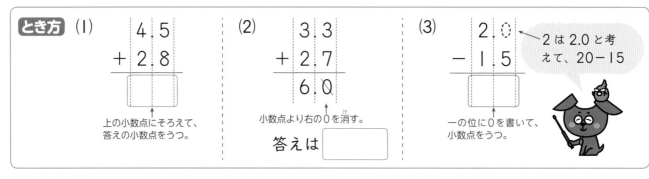

とき方 (1)　4.5 ＋2.8

上の小数点にそろえて、答えの小数点をうつ。

(2)　3.3 ＋2.7 ＝6.0

小数点より右の 0 を消す。

答えは ◯◯

(3)　2.0 －1.5

> 2 は 2.0 と考えて、20－15

一の位に 0 を書いて、小数点をうつ。

ぴったり 2
練習

学習日

月　　　日

★ できた問題には、「た」をかこう！★
でき 1　でき 2　でき 3　でき 4

教科書　下 22～24 ページ　答え　21 ページ

1　計算をしましょう。

教科書　22 ページ 1、23 ページ 2

① 0.4＋0.2　　② 0.3＋0.7　　③ 0.9＋0.6

④ 0.9－0.2　　⑤ 1－0.6　　⑥ 1.4－0.9

2　筆算で計算しましょう。

教科書　24 ページ 3

！ まちがい注意

① 1.6＋2.3　　② 3.5＋1.7　　③ 2.9＋4.1

④ 4.5＋5　　⑤ 7.8－4.2　　⑥ 8.2－2.4

⑦ 6.3－5.7　　⑧ 5－3.2　　⑨ 34－1.6

3
1.4 L のジュースが入ったびんと、1.8 L のジュースが入ったびんがあります。
ジュースはあわせて何 L ありますか。

教科書　24 ページ 3

式

答え（　　　　　　　）

4
リボンが 4.3 m ありましたが、かざりをつくるのに 2 m 使いました。
リボンは何 m のこっていますか。

教科書　24 ページ 3

式

答え（　　　　　　　）

ヒント　　2　筆算では、小数点がたてにそろうように書いて、位をそろえます。
整数も小数点をつけて表せば、まちがえずに位がそろえられます。

ぴったり 1
じゅんび
13 小数
④ 小数のいろいろな見方
学習日　月　日
教科書　下 25～27 ページ　答え　22 ページ

✏ 次の ◯ にあてはまる数を書きましょう。

◎めあて　小数のいろいろな見方ができるようにしよう。　練習 ① ② ③ →

1.7 を、1 といくつと見たり、0.1 の何こ分と見たり、小数はいろいろな見方ができます。

1 1.7 はどのような数ですか。いろいろな見方をしましょう。

とき方　数直線を使って考えます。

▶ 1.7 は、1 と ① ◯ をあわせた数です。

▶ 1.7 は、2 より ② ◯ 小さい数です。

▶ 1.7 は、0.1 を ③ ◯ こ集めた数です。

▶ 1.7 は、1 を 1 ことと 0.1 を ④ ◯ こあわせた数です。

いろいろな見方があるね。どの見方もだいじだよ。

2 2.4 はどのような数かを、式を使って表します。
□にあてはまる数をもとめましょう。

(1)　2.4 ＝ 2 ＋ □　　　　(2)　2.4 ＝ □ － 0.6

とき方　数直線を使って考えます。

(1)　0　1　2　3

2.4 は、2 と ◯ をあわせた数です。　答え ◯

(2)　0　1　2　3

2.4 は、◯ より 0.6 小さい数です。　答え ◯

1 1.2 はどのような数かを考えます。
次の ▢ にあてはまる数を書きましょう。

教科書 25ページ **1**

①
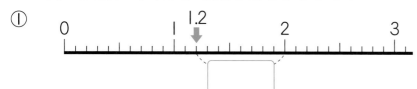

②
0.1の ▢ こ分

2 2.9 はどのような数ですか。▢ にあてはまる数を書きましょう。

教科書 25ページ **1**

① 2.9 は、▢ と 0.9 をあわせた数です。

② 2.9 は、3 より ▢ 小さい数です。

③ 2.9 は、▢ を 29 こ集めた数です。

④ 2.9 は、2 と 0.1 を ▢ こあわせた数です。

3 次の小数はどのような数かを、式を使って表します。
▢ にあてはまる数をもとめましょう。

教科書 25ページ **1**

① (ア) 5.3＝5＋□　　　　　　　(イ) 5.3＝□－0.7

（　　　　　　）　　　　　　（　　　　　　）

② (ア) 3.6＝□＋0.6　　　　　　(イ) 3.6＝4－□

（　　　　　　）　　　　　　（　　　　　　）

● ヒント　**2** 整数の 29 は、どのような見方ができたかを考えてみましょう。
3 数直線を使って考えるといいでしょう。

69

⑬ 小数

時間 **30** 分

／100

ごうかく **80** 点

教科書 下 14〜29 ページ　答え 22 ページ

知識・技能　／80点

1 下の図で、水のかさは、それぞれ何 L ですか。また、0.1 L の何こ分ですか。

1つ3点（12点）

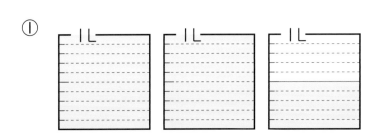

① 　　　　　　　　　　　　②

（　　　　　　　）L 　　　　（　　　　　　　）L

（　　　　　　　）こ分 　　（　　　　　　　）こ分

2 ア、イ、ウのめもりが表す長さは、それぞれ何 cm ですか。

1つ3点（9点）

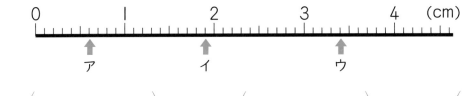

ア（　　　　　　　　）　イ（　　　　　　　　）　ウ（　　　　　　　　）

3 よく出る 次の □ にあてはまる数を書きましょう。

⑤は全部できて　1問4点（20点）

① 3 と 0.8 をあわせた数は □ です。

② 1 を 5 こと 0.1 を 2 こあわせた数は □ です。

③ 5 より 0.3 小さい数は □ です。

④ 0.1 を 75 こ集めた数は □ です。

⑤ 17.3 cm ＝ □ cm □ mm

④ □にあてはまる不等号を書きましょう。

1つ3点(9点)

① 0.6 □ 0.8　　② 3.2 □ 2.9　　③ 0.7 □ 4

⑤ よく出る 計算をしましょう。

1つ2点(6点)

① 0.3＋1　　② 1－0.1　　③ 1.2－0.7

⑥ よく出る 筆算で計算しましょう。

1つ4点(24点)

① 1.6＋4.2

② 2.5＋1.7

③ 3.8＋2.2

④ 5.7－3.4

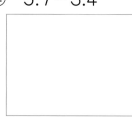

⑤ 1.6－0.9

⑥ 4－2.8

思考・判断・表現　　／20点

⑦ 牛にゅうが 4.5 dL 入っている紙パックと、2.8 dL 入っている紙パックがあります。

式・答え　1つ5点(20点)

① あわせて何 dL ありますか。

式

答え （　　　　　）

② ちがいは何 dL ですか。

式

答え （　　　　　）

ふりかえり ① がわからないときは、64 ページの ① にもどってかくにんしてみよう。

ふろくの「計算せんもんドリル」30〜32 もやってみよう！

ぴったり 1
じゅんび

3分でまとめ

14 重さのたんいとはかり方

① 重さのくらべ方

学習日 　月　日

教科書 下 30～33 ページ　答え 23 ページ

✎ 次の ◯ にあてはまる数やことばを書きましょう。

◎めあて 重さを数で表して、重さをくらべられるようにしよう。　練習 ①→

重さは、たんいにした重さが何こ分あるかで表します。

1 右のような道具を使い、もとにするものを決めて、ものさしやえん筆けずりなどが、それぞれ何こ分の重さになるか調べました。

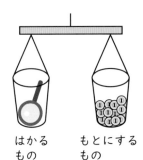

はかる
もの

もとにする
もの

はかるもの	もとにするもの	
	つみ木	1円玉
ものさし	72 こ	32 こ
えん筆けずり	54 こ	24 こ
虫めがね	81 こ	36 こ

(1) ものさし、えん筆けずり、虫めがねの中で、いちばん重いものはどれですか。

(2) ものさしはえん筆けずりより、1円玉で何こ分重いといえますか。

とき方 (1) もとにするものがつみ木でも1円玉でも、こ数がいちばん多いのは ◯◯◯ です。

いちばん重いのは、◯◯◯ です。

(2) 1円玉のこ数のちがいは、

ものさし　えん筆けずり
◯◯◯ － ◯◯◯ ＝ ◯◯◯ 　◯◯◯ こ分重いです。

重さも、長さやかさのように、数で表してくらべられるね。

◎めあて 重さのたんい g がわかるようにしよう。　練習 ②→

重さのたんいには、**グラム**があり、**g** と書きます。
1円玉1この重さは1g です。

1g

2 **1**のものさし、えん筆けずり、虫めがねは、それぞれ何 g ですか。

とき方 1円玉のこ数に、たんいの g をつければ、重さになります。
ものさしは ◯◯◯ g、えん筆けずりは ◯◯◯ g、虫めがねは ◯◯◯ g です。

教科書　下 30〜33 ページ　　答え　23 ページ

1　もとにするものを、おはじきや1円玉に決めて、ナイフ、フォーク、スプーンがそれぞれ何こ分の重さになるか調べました。

はかるもの	もとにするもの	
	おはじき	1円玉
ナイフ	26こ	65こ
フォーク	16こ	40こ
スプーン	18こ	45こ

教科書　31 ページ **1**、32 ページ **2**

① ナイフ、フォーク、スプーンの中で、いちばん重いものはどれですか。

（　　　　　　　　）

② スプーンはフォークより、おはじきで何こ分重いといえますか。

（　　　　　　　　）

③ ナイフはスプーンより、1円玉で何こ分重いといえますか。

（　　　　　　　　）

2　1円玉1この重さは1gです。

教科書　32 ページ **2**、33 ページ **3**

① 1円玉80この重さは何gですか。

（　　　　　　　　）

② もとにするものを1円玉に決めて、いろいろなものがそれぞれ何こ分の重さになるか調べました。

はかるもの	1円玉
消しゴム	25こ
ボールペン	10こ
カスタネット	32こ

㋐ 消しゴム、ボールペン、カスタネットの中で、いちばん重いものはどれですか。
　また、それは何gですか。

（　　　　　　　　）（　　　　　　　　）

㋑ 消しゴムとボールペンでは、どちらが何g重いですか。

（　　　　　　　　）

ヒント
1 ① おはじき、1円玉、どちらをもとにして調べてもいいです。
2 1円玉のこ数に、たんいのgをつければ、重さになります。

次の ◯ にあてはまる数を書きましょう。

めあて はかりの使い方がわかるようにしよう。　練習 ❶→

重さをはかるには、はかりを使います。

1 右のはかりで、はりのさしている重さは何 g ですか。

とき方 このはかりでは、◯ g まではかれて、

いちばん小さい 1 めもりは、◯ g を表しています。

400 g からめもり 6 こ分だから、◯ g です。

めあて 重いものの重さを表すたんいがわかるようにしよう。　練習 ❷ ❸ ❹→

☆重いものを表すときには、**キログラム**というたんいを使います。
　キログラムは **kg** と書き、1 kg は 1000 g です。

☆とても重いものの重さを表すたんいに、**トン**があります。
　トンは **t** と書き、1 t は 1000 kg です。

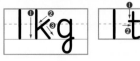

2 次の重さを、（　）の中のたんいで表しましょう。

(1)　1 kg 700 g　（g）　　　　　　(2)　8000 kg　（t）

とき方 (1)　1 kg = ◯ g だから、1 kg 700 g = ◯ g　← 1000 + 700

(2)　1 t = ◯ kg だから、8000 kg = ◯ t

めあて 長さや重さ、かさのたんいについてわかるようにしよう。　練習 ❺→

☆m（ミリ）がつくたんいを 1000 倍すると、
　m（ミリ）がとれます。

☆m（メートル）や g（グラム）を 1000 倍すると、
　k（キロ）がついて、km、kg で表されます。

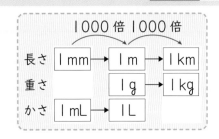

3 ◯ にあてはまる数を書きましょう。

とき方 (1)　1000 mL = ◯ L　　(2)　◯ m = 1 km

★ できた問題には、「た」をかこう！★

でき 1　でき 2　でき 3　でき 4　でき 5

教科書 下 34〜40 ページ　　答え 24 ページ

1 右のはかりを見て答えましょう。　教科書 34 ページ **1**

① はりのさしている重さを答えましょう。

（　　　　　　　）

② 次の重さを表すめもりに↑をかきましょう。
ア　200g　イ　550g　ウ　870g

2 右のはかりを見て答えましょう。　教科書 36 ページ **2**

① はりのさしている重さは何 kg 何 g ですか。

（　　　　　　　）

② 次の重さを表すめもりに↑をかきましょう。
ア　500g　イ　1kg300g　ウ　740g

3 次の重さを、（　）の中のたんいで表しましょう。　教科書 36 ページ **2**、39 ページ **4**
① 1kg30g（g）　　② 3600g（kg、g）　　③ 2t50kg（kg）

（　　　　　）　　　（　　　　　）　　　（　　　　　）

4 重さ 500g のかばんに、1kg300g の荷物を入れます。
全体の重さは何 kg 何 g になりますか。また、何 g ですか。　教科書 38 ページ **3**

（　　　　　）（　　　　　）

5 □ にあてはまる数、長さやかさを書きましょう。　教科書 40 ページ **5**

③ □ 倍

1000倍

1mm → 1cm → ① → ②

④ □ 倍　100倍

1000倍

⑤ → 1dL → ⑥

100倍　10倍

ヒント
2 100g を表すめもり、10g を表すめもりをたしかめよう。
4 かばんの重さと荷物の重さをあわせた重さが全体の重さになります。

教科書 下 30〜42 ページ ▶ 答え 24 ページ

知識・技能　　　　　　　　　　　　　　　　　　　　　　　　　　／80点

1 右のはかりを見て答えましょう。

④は全部できて　1問5点（20点）

① 何 kg まではかることができますか。

　　　　　（　　　　　　　）

② いちばん小さい 1 めもりは、何 g を表していますか。

　　　　　（　　　　　　　）

③ はりのさしている重さは何 g ですか。

　　　　　（　　　　　　　）

④ 次の重さを表すめもりに↑をかきましょう。
　ア　450 g　　　　　イ　820 g

2 よく出る 右のはかりを見て答えましょう。 1つ5点（15点）

① はりのさしている重さを答えましょう。

　　　　　（　　　　　　　）

② 次の重さを表すめもりに↑をかきましょう。
　ア　340 g　　　　　イ　1 kg 680 g

3 次の重さを、（　）の中のたんいで表しましょう。

1つ5点（15点）

① 1 kg 900 g　（g）　　② 2060 g　（kg、g）　　③ 3 t 70 kg　（kg）

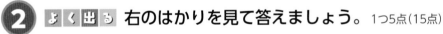

　　（　　　　　　　）　　　　（　　　　　　　）　　　　（　　　　　　　）

この本の終わりにある「冬のチャレンジテスト」をやってみよう!

4 ┌┈┐の中の重さを、重いじゅんにならべて書きましょう。　全部できて　5点

> 1200g　　1kg50g　　2kg10g　　980g

(　　　　　　　　　　　　　　　　　　　)

5 よく出る（　　）にあてはまる、重さのたんいを書きましょう。　1つ4点(16点)

① えりさんのお兄さんの体重　　　② えん筆の重さ

37(　　　　　)　　　　　　　　4(　　　　　)

③ 大がたトラックで運べる荷物の重さ　④ たまごの重さ

8(　　　　　)　　　　　　　　56(　　　　　)

6 ▭にあてはまる数やたんいを書きましょう。　1つ3点(9点)

① 1mm の 1000 こ分の長さは、1▭です。

② 1▭の 1000 倍の重さは、1kg です。

③ 1L は、1mL の▭こ分です。

思考・判断・表現　　　　　　　　　　　　　　／20点

7 重さ 500g の箱に、900g の荷物を入れて送ります。
全体の重さは何 kg 何 g になりますか。　式・答え　1つ5点(10点)

式

答え(　　　　　　　　　)

8 えりさんの体重は 28kg400g です。ねこをだいてはかったら、32kg700g になりました。

ねこの体重は何 kg 何 g ですか。　式・答え　1つ5点(10点)

式

答え(　　　　　　　　　)

ふりかえり　1がわからないときは、74 ページの1にもどってかくにんしてみよう。

ぴったり 1

じゅんび

3分でまとめ

15 分数

① 等分した長さやかさの表し方

学習日 月 日

教科書 下 44〜48 ページ　答え 25 ページ

次の □ にあてはまる数を書きましょう。

◎めあて 等分した長さやかさを表せるようにしよう。　練習 ❶ ❷ ❸ →

☆ 1m を 5 等分した 1 こ分の長さを
└→ 等しい大きさに分けることを「等分する」といいます。

1m の $\frac{1}{5}$（五分の一）、

2 こ分の長さを

1m の $\frac{2}{5}$（五分の二）

といいます。

$\frac{1}{5}$ ... ❸ ❶ ❷

☆ 1m の $\frac{1}{5}$ の長さを $\frac{1}{5}$m、

$\frac{2}{5}$ の長さを $\frac{2}{5}$m と書きます。

☆ $\frac{1}{5}$m は、その 5 こ分で 1m になります。

1 右の図の水のかさは、何 L といえばよいでしょうか。

とき方 1L のますの 1 めもりは、

1L を 8 等分した大きさだから、①□ L を表しています。

水のかさは、1 めもりのかさの ②□ こ分で、③□ L

◎めあて 分数、分母、分子のことがわかるようにしよう。　練習 ❹ →

$\frac{1}{5}$ や $\frac{3}{8}$ のような数を、**分数**といいます。

5 や 8 を**分母**、1 や 3 を**分子**といいます。

$\frac{3}{8}$ ...分子
...分母

2 $\frac{2}{3}$、$\frac{5}{7}$ の分母、分子は、それぞれいくつですか。

とき方 ─ の下の数が分母、上の数が分子です。

$\frac{2}{3}$ の分母は ①□、分子は ②□ です。

$\frac{5}{7}$ の分母は ③□、分子は ④□ です。

「三分の二」のように、線の下にある分母から読むよ。

ぴったり2
練習

★ できた問題には、「た」をかこう！★
でき 1 でき 2 でき 3 でき 4

学習日
月　　日

教科書　下 44〜48 ページ　　答え　25 ページ

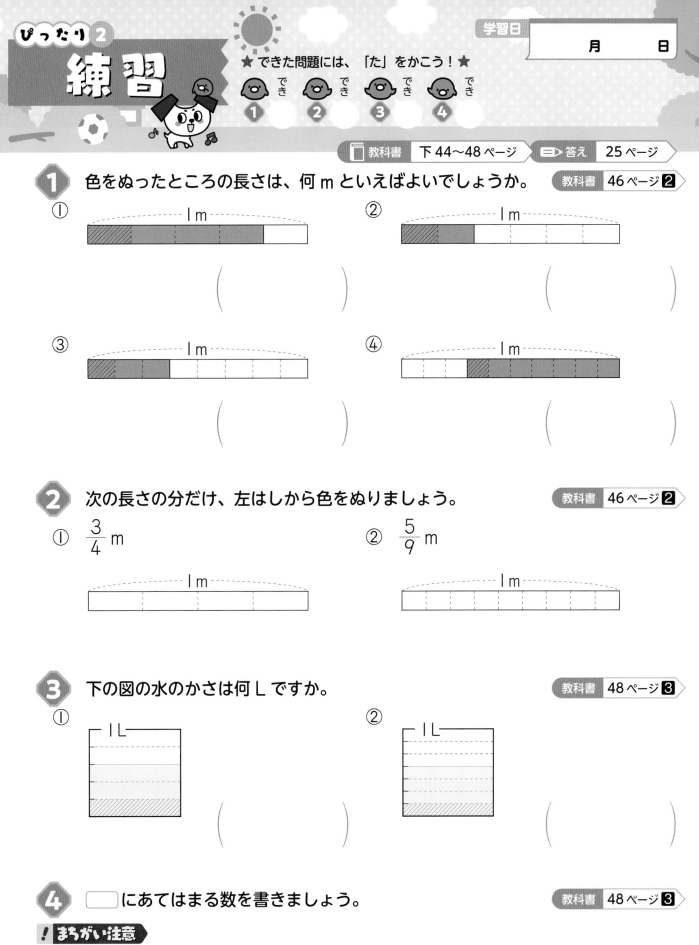

1 色をぬったところの長さは、何 m といえばよいでしょうか。　教科書 46 ページ **2**

① 1m

② 1m

（　　　　　　　　）　　　　　　（　　　　　　　　）

③ 1m

④ 1m

（　　　　　　　　）　　　　　　（　　　　　　　　）

2 次の長さの分だけ、左はしから色をぬりましょう。　教科書 46 ページ **2**

① $\frac{3}{4}$ m

② $\frac{5}{9}$ m

1m

1m

3 下の図の水のかさは何 L ですか。　教科書 48 ページ **3**

① 1L

② 1L

（　　　　　　　　）　　　　　　（　　　　　　　　）

4 □ にあてはまる数を書きましょう。　教科書 48 ページ **3**

！まちがい注意

① $\frac{4}{9}$ の分母は □ で、分子は □ です。

② 分母が 8 で、分子が 3 の分数は □ です。

ヒント　❶ 1 m を何等分しているか。その何こ分かを考えよう。
└→分母　　　　　　└→分子

79

② **分数のしくみ**

教科書　下 49〜52 ページ　　答え　26 ページ

✏ 次の ◯ にあてはまる数や記号を書きましょう。

🎯 **めあて** 分数のしくみがわかるようにしよう。

練習 ❶ ❷ →

★ $\frac{1}{7}$ m の 7 こ分の長さは $\frac{7}{7}$ m で、1 m と等しい長さです。

★ $\frac{1}{7}$ m の 8 こ分の長さを $\frac{8}{7}$ m と表します。

$$\frac{7}{7} = 1$$

分母＝分子

1 下の数直線で、ア〜カのめもりが表す長さは、それぞれ何 m ですか。分数で表しましょう。

0　　　　　　　1　　　　　　2(m)

ア　　　イ　ウ　エ　　　オ　カ

とき方　上の数直線は、0 と 1 の間を ① ◯ 等分しているから、ア… ② ◯ m

イ〜カは、それぞれ、アの何こ分の長さになるかを考えて、

イ… ③ ◯ m、ウ… ④ ◯ m、エ… ⑤ ◯ m、

オ… ⑥ ◯ m、カ… ⑦ ◯ m

カの長さは、
2 m と同じ長さだよ。

🎯 **めあて** 分母が 10 の分数と小数のかんけいがわかるようにしよう。

練習 ❸ →

★ $\frac{1}{10}$ と 0.1 は、等しい大きさの数です。

★ 小数第一位のことを、$\frac{1}{10}$ の位ともいいます。

$$\frac{1}{10} = 0.1$$

$$0.8$$
↑　　↑　　↑
一の位　小数点　$\frac{1}{10}$の位（小数第一位）

2 $\frac{6}{10}$ と 0.8 では、どちらが大きいですか。不等号を使って表しましょう。

とき方　$\frac{1}{10}$ も、0.1 も、1 を ◯ 等分した大きさです。

$\frac{6}{10}$ は $\frac{1}{10}$ の ◯ こ分、0.8 は 0.1 の ◯ こ分の大きさだから、

$\frac{6}{10}$ ◯ 0.8　← $\frac{1}{10}$ や 0.1 のこ数をくらべて

教科書　下 49〜52 ページ　答え　26 ページ

1 下の数直線について答えましょう。　教科書 49 ページ **1**、50 ページ **2**

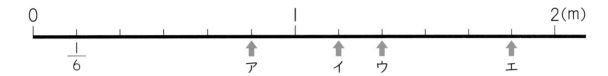

① 上の数直線は、0 と 1 の間を何等分していますか。

（　　　　　　　　　）

② ア〜エのめもりが表す長さは、それぞれ何 m ですか。

ア（　　　　　）　イ（　　　　　）　ウ（　　　　　）　エ（　　　　　）

③ $\frac{1}{6}$ m の 12 こ分の長さは何 m ですか。分数と整数でそれぞれ表しましょう。

分数（　　　　　　　　　）　整数（　　　　　　　　　）

④ $\frac{8}{6}$ m と $\frac{11}{6}$ m では、どちらがどれだけ長いでしょうか。

（　　　　　　　　　　　　　　　）

2 色をぬったところの長さは何 m ですか。分数で表しましょう。　教科書 51 ページ **3**

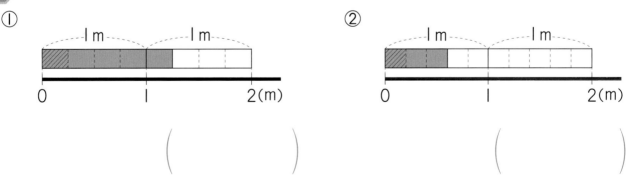

①

（　　　　　　　　　）

②

（　　　　　　　　　）

3 □ にあてはまる等号や不等号を書きましょう。　教科書 52 ページ **4**

① $\frac{3}{10}$ □ 0.2　② $\frac{7}{10}$ □ 0.7　③ $\frac{11}{10}$ □ 1.2

ヒント　**2** もとの長さが 2 m です。分数で長さを表すときは、1 m をもとの長さにします。

③ 分数のしくみとたし算、ひき算

教科書　下 53〜54 ページ　答え　26 ページ

✎ 次の ◻ にあてはまる数を書きましょう。

🎯めあて　分数のたし算ができるようにしよう。　練習 ❶ ❸ →

　分数のたし算は、$\frac{1}{5}$ など、分子が 1 の分数をもとにすると、
整数の計算で考えることができます。

1 計算をしましょう。

(1) $\frac{1}{5} + \frac{3}{5}$

(2) $\frac{4}{7} + \frac{3}{7}$

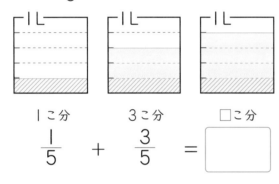

とき方 (1) $\frac{1}{5}$ L の何こ分かで考えます。

1こ分　　3こ分　　◻こ分
$\frac{1}{5}$ ＋ $\frac{3}{5}$ ＝ ◻

(2) $\frac{1}{7}$ の何こ分かで考えます。

4こ分　　3こ分　　◻こ分
$\frac{4}{7} + \frac{3}{7} =$ ◻
= ◻

分母＝分子になったから…。

🎯めあて　分数のひき算ができるようにしよう。　練習 ❷ ❹ →

　分数のひき算も、たし算と同じように、分子が 1 の分数をもとにして考えます。

2 計算をしましょう。

(1) $\frac{7}{10} - \frac{4}{10}$

(2) $1 - \frac{5}{8}$

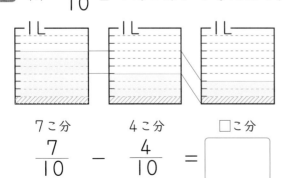

とき方 (1) $\frac{1}{10}$ L の何こ分かで考えます。

7こ分　　4こ分　　◻こ分
$\frac{7}{10}$ － $\frac{4}{10}$ ＝ ◻

(2) $\frac{1}{8}$ の何こ分かで考えます。

8こ分　　5こ分　　◻こ分
$1 - \frac{5}{8} =$ ◻ $- \frac{5}{8} =$ ◻

$1 = \frac{8}{8}$ と考えるよ。

教科書　下 53〜54 ページ　　答え　26 ページ

1 計算をしましょう。

教科書　53 ページ **1**

① $\dfrac{2}{7} + \dfrac{1}{7}$　　② $\dfrac{2}{8} + \dfrac{5}{8}$　　③ $\dfrac{1}{6} + \dfrac{3}{6}$

④ $\dfrac{1}{3} + \dfrac{1}{3}$　　⑤ $\dfrac{1}{4} + \dfrac{3}{4}$　　⑥ $\dfrac{4}{5} + \dfrac{1}{5}$

2 計算をしましょう。

教科書　54 ページ **2**

① $\dfrac{4}{6} - \dfrac{2}{6}$　　② $\dfrac{3}{5} - \dfrac{2}{5}$　　③ $\dfrac{5}{8} - \dfrac{1}{8}$

④ $\dfrac{4}{7} - \dfrac{3}{7}$　　⑤ $1 - \dfrac{1}{3}$　　⑥ $1 - \dfrac{7}{10}$

3 ジュースが、パックに $\dfrac{6}{10}$ L、びんに $\dfrac{1}{10}$ L 入っています。
あわせて何 L ありますか。

教科書　53 ページ **1**

式

答え（　　　　　　　）

！まちがい注意

4 ジュースが 1 L あります。$\dfrac{2}{9}$ L 飲むと、のこりは何 L になりますか。

教科書　54 ページ **2**

式

答え（　　　　　　　）

ヒント **2** ⑤・⑥ 1 を、分母と分子が同じ分数で表します。
3 **4** 分数になっても、整数のときと同じ考え方で、式をつくることができます。

83

時間 30 分

／100

ごうかく 80 点

教科書　下 44〜56 ページ　答え 27 ページ

知識・技能 ／70点

1 色をぬったところの長さやかさを、分数で表しましょう。 1つ3点(12点)

①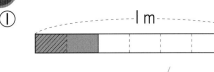

（　　　　）

②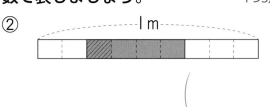

（　　　　）

③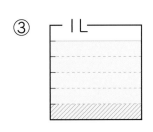

（　　　　）

④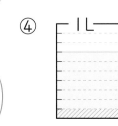

（　　　　）

2 よく出る □ にあてはまる数を書きましょう。 1つ4点(16点)

① $\frac{1}{4}$ m の 3 こ分の長さは、□ m です。

② $\frac{1}{6}$ m の □ こ分の長さは、1 m です。

③ $\frac{7}{8}$ m は、$\frac{4}{8}$ m より □ m 長い長さです。

④ $\frac{9}{7}$ m は、$\frac{1}{7}$ m の □ こ分の長さです。

3 □ には分数で、□ には小数で、それぞれあてはまる数を書きましょう。

1つ3点(9点)

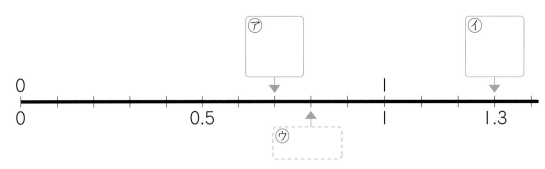

4 □ にあてはまる等号や不等号を書きましょう。 1つ3点(9点)

① $\frac{7}{6}$ □ 1　　② $\frac{4}{10}$ □ 0.4　　③ $\frac{5}{10}$ □ 0.6

5 よく出る 計算をしましょう。

1つ3点（24点）

① $\dfrac{1}{5}+\dfrac{1}{5}$

② $\dfrac{2}{7}+\dfrac{3}{7}$

③ $\dfrac{2}{10}+\dfrac{4}{10}$

④ $\dfrac{4}{9}+\dfrac{5}{9}$

⑤ $\dfrac{3}{4}-\dfrac{2}{4}$

⑥ $\dfrac{5}{6}-\dfrac{3}{6}$

⑦ $\dfrac{7}{9}-\dfrac{4}{9}$

⑧ $1-\dfrac{5}{7}$

思考・判断・表現　　　　　　　　　　　／30点

6 ⑦～⑨の計算は、それぞれ、どんな数をもとにすると $6-4$ の計算で考えることができますか。

全部できて　10点

⑦　$600-400$　　　④　$0.6-0.4$　　　⑨　$\dfrac{6}{8}-\dfrac{4}{8}$

（　　　　　）　（　　　　　）　（　　　　　）

7 牛にゅうが、パックに $\dfrac{4}{6}$ L、コップに $\dfrac{1}{6}$ L 入っています。あわせて何L ありますか。

式・答え　1つ5点（10点）

式

答え（　　　　　）

8 リボンが $\dfrac{7}{8}$ m あります。$\dfrac{2}{8}$ m 使うと、のこりは何mになりますか。

式・答え　1つ5点（10点）

式

答え（　　　　　）

ふりかえり ❶がわからないときは、78 ページの❶にもどってかくにんしてみよう。

ふろくの「計算せんもんドリル」 33 もやってみよう！

□を使った式

✏️ 次の◯◯◯◯にあてはまる数や□をかきましょう。

◎めあて わからない数がある場面を、お話のとおりに式に表せるようにしよう。　練習 ❶ ❷ ❸ ❹ →

わからない数を、□を使って表すと、

お話のとおりに、場面を式に表すことができます。

1 本だなに、本が 25 さつあります。新しい本を何さつか買いました。本は全部で 32 さつになりました。

新しく買った本の数を□として、この場面を、たし算の式に表しましょう。また、□にあてはまる数をもとめましょう。

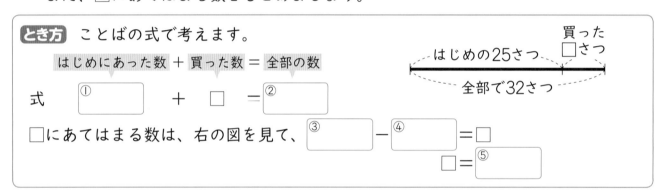

とき方 ことばの式で考えます。

はじめにあった数 ＋ 買った数 ＝ 全部の数

式　①□□□　＋　□　＝②□□□

□にあてはまる数は、右の図を見て、③□□□ －④□□□ ＝□
□ ＝⑤□□□

はじめの25さつ　買った□さつ
全部で32さつ

2 次の(1)、(2)の場面を、わからない数を□として、（　）の中の計算の式に表しましょう。

(1) えりさんは、おはじきを何こか持っています。
妹に 14 こあげました。のこりは 26 こになりました。（ひき算）

(2) 同じ数ずつ、6 人でカードを出しあったら、カードは全部で 30 まいになりました。（かけ算）

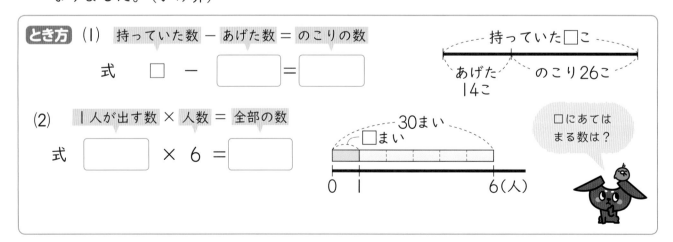

とき方 (1) 持っていた数 － あげた数 ＝ のこりの数

式　□ － □□□ ＝ □□□

持っていた□こ
あげた14こ　のこり26こ

(2) 1人が出す数 × 人数 ＝ 全部の数

式　□□□ × 6 ＝ □□□

30まい
□まい
0　1　6（人）

□にあてはまる数は？

ぴったり2
練習

★できた問題には、「た」をかこう！★
でき 1　でき 2　でき 3　でき 4

学習日
月　日

教科書　下58〜62ページ　答え　28ページ

1　ゆかりさんは、おり紙を 36 まい持っています。

はるかさんから何まいかもらったので、全部で 54 まいになりました。

この場面を、わからない数を□として、たし算の式に表しましょう。

また、□にあてはまる数をもとめましょう。　教科書 59ページ 1

式

答え（　　　　　　）

2　公園で子どもが何人か遊んでいます。

15 人が帰りました。のこった人数は 17 人になりました。

この場面を、わからない数を□として、ひき算の式に表しましょう。

また、□にあてはまる数をもとめましょう。　教科書 61ページ 2

式

答え（　　　　　　）

3　1 箱に同じ数ずつ入ったあめを 6 箱買ったら、あめは全部で 42 こになりました。

この場面を、わからない数を□として、かけ算の式に表しましょう。

また、□にあてはまる数をもとめましょう。　教科書 61ページ 2

式

答え（　　　　　　）

4　チョコレートが何こかあります。

5 人で同じ数ずつ分けたら、1 人分は 3 こになりました。

この場面を、わからない数を□として、わり算の式に表しましょう。

また、□にあてはまる数をもとめましょう。　教科書 61ページ 2

式

答え（　　　　　　）

ヒント　4 ことばの式は次のようになります。
全部の数÷人数＝1人分の数

16 □を使った式

教科書 下58〜63ページ ／答え 29ページ

思考・判断・表現 ／100点

1 ノートを 28 さつ持っています。何さつかもらったので、全部で 42 さつになりました。この場面で、わからない数を□とします。 ①は全部できて 1問6点(18点)

① 下のように図に表します。 ◯にあてはまる数や□をかきましょう。

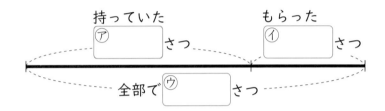

持っていた ⑦ さつ もらった ⑦ さつ
全部で ⑦ さつ

② この場面を、□を使ってたし算の式に表しましょう。

(   )

③ □にあてはまる数をもとめましょう。

(   )

2 画用紙を何まいか持っています。妹に 8 まいあげたら、のこりは 17 まいになりました。この場面で、わからない数を□とします。 ①は全部できて 1問6点(18点)

① 下のように図に表します。 ◯にあてはまる数や□をかきましょう。

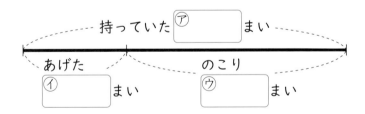

持っていた ⑦ まい
あげた ⑦ まい のこり ⑦ まい

② この場面を、□を使ってひき算の式に表しましょう。

(   )

③ □にあてはまる数をもとめましょう。

(   )

❸ 次の①、②の場面を、わからない数を□として、かけ算の式に表しましょう。
また、□にあてはまる数をもとめましょう。

式・答え　1つ6点(24点)

① 同じ数ずつ、8人にえん筆を配ったら、配ったえん筆は全部で48本に
なりました。

式

答え（　　　　　　　　　）

② 4人ずつ、何台かの車に乗ったら、全部で28人乗ることができました。

式

答え（　　　　　　　　　）

❹ 次の①、②の場面を、わからない数を□として、わり算の式に表しましょう。
また、□にあてはまる数をもとめましょう。

式・答え　1つ6点(24点)

① みかんが何こかあります。7つのかごに同じ数ずつ入れたら、1かごは8こに
なりました。

式

答え（　　　　　　　　　）

できたらスゴイ!

② 30人の子どもが、かんらん車に乗ります。
1台に同じ人数ずつ乗ったら、5台で
みんな乗ることができました。

式

答え（　　　　　　　　　）

できたらスゴイ!

❺ ひろとさんは、カードを35まい持っていました。たくやさんから17まい
もらい、けんじさんから何まいかもらったので、全部で76まいになりました。
　この場面を、わからない数を□として、たし算の式に表しましょう。
また、□にあてはまる数をもとめましょう。

式・答え　1つ8点(16点)

式

答え（　　　　　　　　　）

 **ふりかえり**　❶がわからないときは、86ページの❶にもどってかくにんしてみよう。

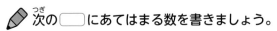

17 かけ算の筆算(2)

① 何十をかける計算
② 2けたの数をかける計算ー1

教科書 下64～70ページ 答え 31ページ

✎ 次の ◯ にあてはまる数を書きましょう。

◎めあて 何十をかける計算ができるようにしよう。 練習 ① →

かける数が 10 倍になると、答えも 10 倍になります。

1 32 × 20 の計算をしましょう。

とき方 $32 \times 20 = 32 \times \boxed{} \times 10 = \boxed{} \times 10 = \boxed{}$

◎めあて （2けたの数）×（2けたの数）の筆算ができるようにしよう。 練習 ② →

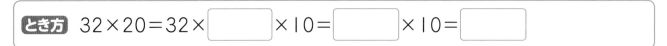

🐾 15×34 の計算

$15 \times 34 \begin{cases} 15 \times 30 = 450 \\ 15 \times 4 = 60 \end{cases}$

あわせて 510

→
```
    15
   ×34
    60 …15× 4
   450 …15×30
   510
```

1けたの数を
かける計算が
わかっていれば
だいじょうぶ。

2 67×28 を、筆算で計算しましょう。

とき方 位をたてにそろえて書き、かける数の一の位からじゅんに計算します。

```
  6 7
× 2 8
```
① 67×8

```
  6 7
× 2 8
5 3 6
```
書かない
② 67×2

```
  6 7
× 2 8
5 3 6
1 3 4
```
③ たし算

◎めあて 筆算のしかたをくふうしてできるようにしよう。 練習 ③ →

☆どんな数に 0 をかけても、答えは 0 になります。

☆かけられる数とかける数を入れかえて計算しても、答えは同じになります。

3 くふうして計算しましょう。
(1) 54×30   (2) 4×37

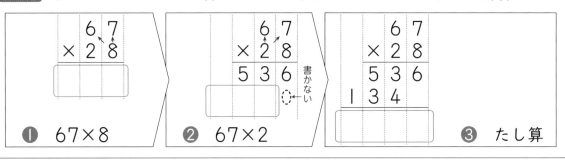

とき方 (1) 54×0=0
だから、54×3
だけ計算します。
```
   54
× 30
   ┌─┐
   └─┘0
```

(2) 4×37=37×4
だから、右のように
筆算します。
```
   37
×  4
 ┌──┐
 └──┘
```

教科書　下 64〜70 ページ　　答え　31 ページ

1　計算をしましょう。

教科書 65 ページ 1 、66 ページ 2

①　6×90　　　　②　7×70　　　　③　8×50

④　31×30　　　⑤　30×80　　　⑥　40×50

2　筆算で計算しましょう。

教科書 67 ページ 1 、69 ページ 2

①　21×23　　　　②　18×28　　　　③　43×86

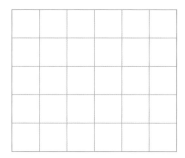　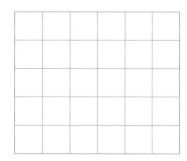　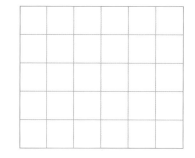

④　37×52　　　　⑤　94×67　　　　⑥　75×24

3　くふうして計算しましょう。

教科書 70 ページ 3

①　62×40　　　　②　48×70　　　　③　5×85

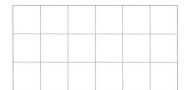　　

ヒント　③　①　答えの一の位は 0 です。62×4 の答えの右に 0 を 1 こつけます。
　　　　　③　かけられる数とかける数を入れかえて計算しても、答えは同じになります。

17 かけ算の筆算(2)

② 2けたの数をかける計算−2
③ 暗算

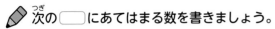

教科書 下71〜72ページ　答え 32ページ

✏次の □ にあてはまる数を書きましょう。

めあて （3けたの数）×（2けたの数）の筆算ができるようにしよう。　練習①➡

　（2けたの数）×（2けたの数）の計算と、筆算のしかたは同じです。

1 筆算で計算しましょう。
(1) 563×42　　　　　　　　　　　(2) 408×39

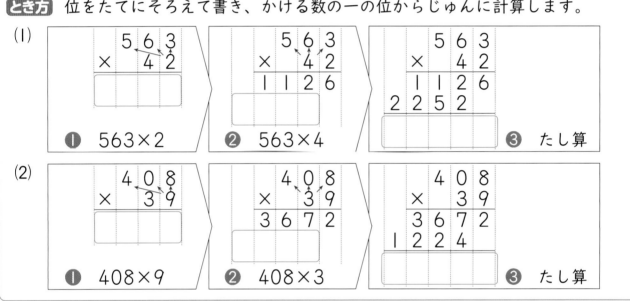

とき方 位をたてにそろえて書き、かける数の一の位からじゅんに計算します。

(1)
```
    5 6 3
  ×   4 2
```
❶ 563×2

```
    5 6 3
  ×   4 2
  1 1 2 6
```
❷ 563×4

```
    5 6 3
  ×   4 2
  1 1 2 6
2 2 5 2
```
❸ たし算

(2)
```
    4 0 8
  ×   3 9
```
❶ 408×9

```
    4 0 8
  ×   3 9
  3 6 7 2
```
❷ 408×3

```
    4 0 8
  ×   3 9
  3 6 7 2
1 2 2 4
```
❸ たし算

めあて 2けた×1けたの暗算を、くふうしてできるようにしよう。　練習②③➡

　暗算には、かけられる数を分けたり、計算のきまりを使ったり、いろいろなくふうがあります。

2 暗算で計算しましょう。
(1) 43×2　　　　　　　　　　　(2) 25×24

とき方 (1) かけられる数を、40と3に分けて考えると、

```
   43
  ❶ ❷
  40 3
```
❶ ①□ ×2=②□
❷ ③□ ×2=④□
あわせて ⑤□

(2) 25×4=100 を使うと、
25×24＝25×4×⑥□
　　　＝⑦□×⑧□
　　　＝⑨□

24=4×6 だから、…

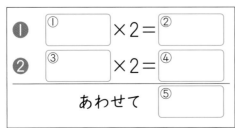

ぴったり2
練習

★できた問題には、「た」をかこう！★
でき ① でき ② でき ③

学習日　　月　　日

教科書　下71〜72ページ　答え　32ページ

1 筆算で計算しましょう。

教科書　71ページ **4**

① 134×32

② 236×54

③ 426×28

④ 528×67

⑤ 348×73

⑥ 674×45

⑦ 403×39

⑧ 609×70

⑨ 704×50

2 暗算で計算しましょう。

教科書　72ページ **1**

① 41×2

② 53×3

③ 230×2

④ 120×4

⑤ 24×20

⑥ 15×60

3 25×4＝100 の式を使って、暗算で計算しましょう。

教科書　72ページ **1**

① 25×16

② 25×28

③ 32×25

ヒント　**1** ⑧・⑨　0をかける計算をくふうします。

⑰ かけ算の筆算(2)

時間 **30**分

／100

ごうかく **80**点

教科書 下64〜74ページ | 答え 33ページ

知識・技能 ／50点

1 □にあてはまる数を書きましょう。
全部できて 1問5点(10点)

① 32×30 の答えは、32×□ の答えの 10倍だから、□ です。

② 21×42 〈 21×40 ＝ ⓘ□
21×㋐□ ＝ ㋒□

あわせて ㋓□

2 よく出る 筆算で計算しましょう。
1つ5点(30点)

① 67×32

② 42×24

③ 75×56

④ 314×43

⑤ 537×85

⑥ 406×70

3 くふうして計算しましょう。
1つ5点(10点)

① 68×60

② 36×25

思考・判断・表現　　　　　　　　　　　　　　　　　　　　　　　　　　／50点

4 筆算のまちがいをせつ明しましょう。また、正しい答えももとめましょう。

1つ5点(20点)

①
```
   27
 ×63
   81
 162
 243
```
まちがい（　　　　　　　）

正しい答え（　　　　　　　）

②
```
  702
 × 48
 5616
  288
 8496
```
まちがい（　　　　　　　）

正しい答え（　　　　　　　）

5 6人がけの長いすが40こあります。全部で何人すわれますか。

式・答え　1つ5点(10点)

式

答え（　　　　　　　）

6 色紙を125まいずつまとめたたばが、38たばあります。
色紙は、全部で何まいありますか。

式・答え　1つ5点(10点)

式

答え（　　　　　　　）

7 1mのねだんが62円のリボンを、16m買います。
1000円出すと、おつりはいくらですか。

式・答え　1つ5点(10点)

式

答え（　　　　　　　）

ふりかえり　①①がわからないときは、90ページの1にもどってかくにんしてみよう。

ふろくの「計算せんもんドリル」29、34〜40もやってみよう！

教科書　下 76〜79 ページ　　答え　34 ページ

✐ 次の ▢ にあてはまる数を書きましょう。

めあて もとにする大きさの「●倍の大きさ」をもとめられるようにしよう。　練習 ① ② →

もとにする大きさの 2 倍や 3 倍の大きさをもとめるときは、かけ算を使います。

1 長いリボンと短いリボンがあります。短いリボンの長さは 25 cm です。

長いリボンの長さは、短いリボンの長さの 3 倍でした。

長いリボンの長さは何 cm ですか。

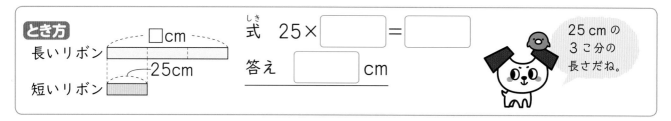

とき方

長いリボン　▢ cm

短いリボン　25cm

式　25 × ▢ ＝ ▢

答え　▢ cm

25 cm の
3 こ分の
長さだね。

めあて 何倍かをもとめることができるようにしよう。　練習 ③ ④ →

何倍かをもとめるときは、わり算を使います。

2 28 cm の白いテープと、7 cm の赤いテープがあります。

白いテープの長さは、赤いテープの長さの何倍ですか。

とき方

白　28cm

赤　7 cm

式　▢ ÷ ▢ ＝ ▢

答え　▢ 倍

7 × ▢ ＝ 28
だから、…

めあて もとにする大きさをもとめることができるようにしよう。　練習 ⑤ →

もとにする大きさをもとめるには、▢ を使ってかけ算の式に表すと
考えやすくなります。

3 白いリボンと赤いリボンがあります。白いリボンの長さは、赤いリボンの
長さの 4 倍で、32 cm です。赤いリボンの長さは何 cm ですか。

とき方 赤いリボンの長さを ▢ cm として、かけ算の式で表します。

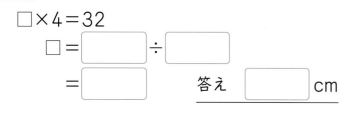

▢ × 4 ＝ 32

▢ ＝ ▢ ÷ ▢

＝ ▢　　答え　▢ cm

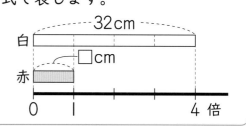

白　32cm

赤　▢ cm

0　　1　　　　4 倍

ぴったり2
練習

★できた問題には、「た」をかこう！★
でき ① でき ② でき ③ でき ④ でき ⑤

教科書 下76〜79ページ ▷答え 34ページ

1 さくらさんたちは、大なわとびの練習をしています。きのうは18回とびました。今日はきのうの3倍とびました。今日は何回とびましたか。 教科書 76ページ **1**

式

答え（ 　　　　　　　）

2 1さつ164円のノートがあります。絵本のねだんは、ノートのねだんの4倍です。絵本のねだんはいくらですか。 教科書 76ページ **1**

式

答え（ 　　　　　　　）

3 しおりさんは妹となわとびをしました。しおりさんは24回とびました。妹は8回とびました。しおりさんは、妹の何倍とびましたか。 教科書 78ページ **2**

式

答え（ 　　　　　　　）

4 どんぐりを、けんたさんは15こ、弟は3こ拾いました。けんたさんは、弟の何倍拾いましたか。 教科書 78ページ **2**

式

答え（ 　　　　　　　）

5 ひろとさんのおじさんの年れいは、ひろとさんの年れいの6倍で、54才です。ひろとさんの年れいを□才として、かけ算の式で表しましょう。また、ひろとさんの年れいは何才ですか。 教科書 79ページ **3**

式

答え（ 　　　　　　　）

●ヒント **5** かけ算の式で表した□にあてはまる数は、わり算でもとめられます。

97

● 倍の計算

知識・技能　　　　　　　　　　　　　　　　　　／30点

1 赤いタイルと青いタイルがあります。赤いタイルのまい数は 12 まいで、青いタイルのまい数は、赤いタイルのまい数の 4 倍です。

青いタイルのまい数を□まいとして、◯◯◯にあてはまることばや数、□を書いて、図をかんせいさせましょう。

全部できて　10点

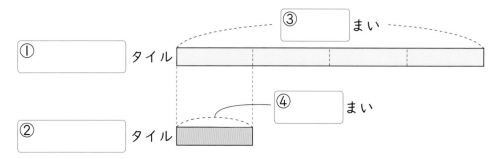

① ［　　　］ タイル
② ［　　　］ タイル
③ ［　　　］ まい
④ ［　　　］ まい

2 たての長さが 5 m、横の長さが 10 m の長方形の形をした花だんがあります。この花だんの横の長さは、たての長さの何倍ですか。

何倍かをもとめる式を、⑦〜⓪からえらびましょう。　　　　（10点）

⑦　10＋5　　　　①　10−5　　　　⑨　10×5　　　　⓪　10÷5

（　　　　　　　　）

3 りんごとオレンジがあります。オレンジのこ数は、りんごのこ数の 5 倍で、30 こです。

りんごのこ数を□ことするとき、正しい図を、⑦〜⓪からえらびましょう。（10点）

⑦
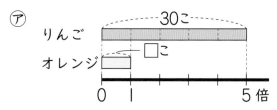

①
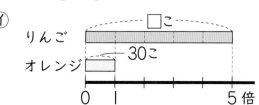

⑨
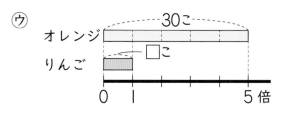

⓪
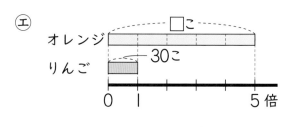

（　　　　　　　　）

思考・判断・表現　　　　　　　　　　　　　　　　　　　／70点

4 赤いテープと白いテープがあります。白いテープの長さは 16cm です。

赤いテープの長さは、白いテープの長さの 3 倍です。

赤いテープの長さは何 cm ですか。　　　　　　式・答え　1つ5点(10点)

式

答え（　　　　　　）

5 貝がらを、たくみさんは 9 こ、姉は 36 こ拾いました。

姉は、たくみさんの何倍拾いましたか。　　　　式・答え　1つ5点(10点)

式

答え（　　　　　　）

6 大きい箱に入っているあめのこ数は、小さい箱に入っているあめのこ数の

7倍で、42 こです。小さい箱に入っているあめのこ数をもとめます。　1つ10点(20点)

① 小さい箱に入っているあめのこ数を□ことして、かけ算の式で表しましょう。

（　　　　　　）

② 小さい箱には、あめが何こ入っていますか。

（　　　　　　）

7 赤、青、緑、黄の色紙があります。赤の色紙のまい数は 48 まい、緑の色紙の

まい数は 4 まいです。　　　　　　　　　　式・答え　1つ5点(30点)

① 青の色紙のまい数は、赤の色紙のまい数の 4 倍です。青の色紙は何まいですか。

式

答え（　　　　　　）

② 赤の色紙のまい数は、緑の色紙のまい数の何倍ですか。

式

答え（　　　　　　）

③ 赤の色紙のまい数は、黄の色紙のまい数の 6 倍です。黄の色紙は何まいですか。

□を使ってかけ算の式で表し、もとめましょう。

式

答え（　　　　　　）

ふりかえり　❶がわからないときは、96 ページの❶にもどってかくにんしてみよう。

3分でまとめ

18 三角形と角

① 二等辺三角形と正三角形

教科書 下 80〜87 ページ 答え 36 ページ

✏ 次の ◯ にあてはまる数や記号を書きましょう。

🎯**めあて** 二等辺三角形と正三角形がわかるようにしよう。 練習 **①**→

- ★2つの辺の長さが等しい三角形を、**二等辺三角形**といいます。
- ★3つの辺の長さがどれも等しい三角形を、**正三角形**といいます。

二等辺三角形

正三角形

1 右の図で、二等辺三角形と正三角形をえらびましょう。

とき方 二等辺三角形は、2つの辺の長さが等しいから、

① ◯ 、② ◯

正三角形は、3つの辺の長さがどれも等しいから、

③ ◯ 、④ ◯

辺の長さをくらべるにはコンパスを使うといいよ。

🎯**めあて** 二等辺三角形や正三角形がかけるようにしよう。 練習 **②** **③**→

はじめに、ものさしを使って、アイの辺をかきます。次に、ウの点の場所は、ものさしでは決めにくいので、コンパスを使って決めます。

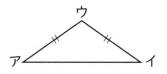

2 辺の長さが 3 cm、3 cm、4 cm の二等辺三角形のかき方を考えましょう。

とき方 ❶ ものさしで、長さが ◯ cm のアイの辺をかきます。

❷ ものさしからコンパスに ◯ cm の長さをとり、アの点からもイの点からも ◯ cm にあるウの点を見つけます。

❸ アウの辺、◯ の辺をかきます。

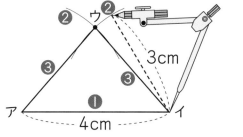

ぴったり 2
練習

★ できた問題には、「た」をかこう！★
でき 1 でき 2 でき 3

学習日　　月　　日

教科書 下 80〜87 ページ　答え 36 ページ

1 下の図で、二等辺三角形と正三角形を、それぞれ全部えらびましょう。

教科書 81 ページ **1**

二等辺三角形
（　　　　　）

正三角形
（　　　　　）

2 次の三角形をかきましょう。

教科書 83 ページ **2**、84 ページ **3**

① 辺の長さが 5 cm、5 cm、3 cm の二等辺三角形

② 辺の長さが 4 cm、4 cm、4 cm の正三角形

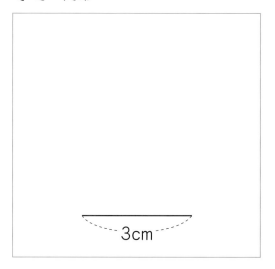
3cm

3 右の円の半径は 2 cm で、アの点は中心です。
円のまわりに 2 つの点を決め、中心のアの点と
むすんで、次の三角形をかきましょう。　教科書 85 ページ **4**

① 辺の長さが 3 cm、2 cm、2 cm
の二等辺三角形

② 1 辺の長さが 2 cm の正三角形

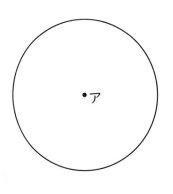
円を使って
かくことも
できるね。

 **3** ① 円のまわりに、1 つの点を決め、その点から 3 cm はなれた点を、
もう 1 つの点とします。

101

教科書　下88～91ページ　答え　36ページ

✐ 次の ☐ にあてはまる記号やことばを書きましょう。

◎めあて　角の大きさをくらべられるようにしよう。　練習 ① ②→

★1つのちょう点からでている2つの辺が
つくる形を、**角**といいます。

★角をつくっている辺の開きぐあいを、
角の大きさといいます。

★角の大きさは、辺の長さにかんけいなく、辺の開きぐあいだけで決まります。

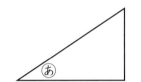
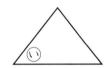

1 右の図の⑤の角と⑥の角では、
どちらが大きいですか。

とき方 三角じょうぎのかどを使って調べます。

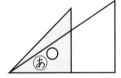
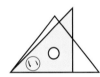

三角じょうぎの同じかどより
大きいか、小さいか…。

辺の開きぐあいが大きいのは、☐ の角です。　答え ☐ の角

◎めあて　二等辺三角形と正三角形の角の大きさについてわかるようにしよう。　練習 ③→

★二等辺三角形では、2つの角の大きさが
等しくなっています。

★正三角形では、3つの角の大きさが
すべて等しくなっています。

二等辺三角形　　正三角形

2 右の⑦、⑦の三角形で、それぞれ
大きさの等しい角を答えましょう。

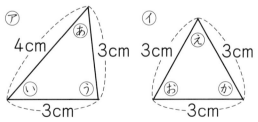

とき方　⑦は ☐ 三角形だから、⑤の角と
☐ の角は、大きさが等しいです。
　⑦は ☐ 三角形だから、 ☐ 、
⑤、⑦すべての角の大きさが等しいです。

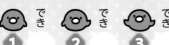
教科書　下 88〜91 ページ　　答え　37 ページ

1 三角じょうぎの角の大きさを調べましょう。　教科書 88 ページ **1**

① 直角になっている角はどれですか。

（　　　　　　　　　）

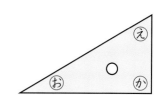

② いちばん小さい角といちばん大きい角は、
それぞれどれですか。

いちばん小さい角（　　　　　　　）　　いちばん大きい角（　　　　　　　）

③ 直角のほかに、大きさの等しい角は、どれとどれですか。

（　　　　　　　　　　　　　）

2 下の角の大きさをくらべて、大きいじゅんに答えましょう。　教科書 88 ページ **1**

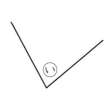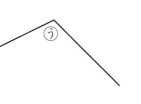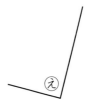

（　　　　　　　　　　　　　）

3 ㋐、㋑の三角形について答えましょう。　教科書 90 ページ **2**

① ㋐の三角形は、何という三角形ですか。
また、大きさの等しい角を答えましょう。

名前　　　　　　　　　大きさの等しい角

（　　　　　　　）（　　　　　　　）

㋐　あ　2cm　3cm　う　い　3cm

② ㋑の三角形は、何という三角形ですか。
また、大きさの等しい角を答えましょう。

名前　　　　　　　　　大きさの等しい角

（　　　　　　　）（　　　　　　　）

㋑　2cm　え　か　2cm　お　2cm

ヒント　**2** 角に三角じょうぎの角を重ねて、大きいか小さいかくらべましょう。

⑱ 三角形と角

教科書 下 80〜93 ページ｜答え 37 ページ

知識・技能 ／70点

1 よく出る 下の図で、二等辺三角形と正三角形を、それぞれ全部えらびましょう。

全部できて　1つ10点(20点)

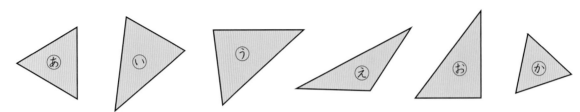

二等辺三角形 （　　　　　　　）　　　正三角形 （　　　　　　　）

2 よく出る 次の三角形をかきましょう。

1つ10点(20点)

① 辺の長さが 6 cm、4 cm、4 cm の　② 1辺の長さが 5 cm の正三角形
二等辺三角形

3 下の角の大きさをくらべて、大きいじゅんに答えましょう。

全部できて　10点

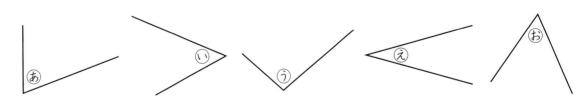

（　　　　　　　　　　　　　　）

4 よく出る 右の二等辺三角形を見て答えましょう。

②は全部できて　1問5点(10点)

① イウの辺の長さは何 cm ですか。

（　　　　　　　　　）

② 大きさの等しい角は、どの角とどの角ですか。

（　　　　　　　　　）

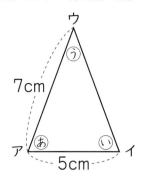

5 半径 6 cm の円とその中心のアの点を使って、正三角形をかきました。

1つ5点(10点)

① イウの辺の長さは何 cm ですか。

（　　　　　　　　　）

② 大きさの等しい角は、いくつありますか。

（　　　　　　　　　）

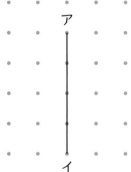

思考・判断・表現　　　　　　　　　　／30点

6 右の図で、・を直線でむすんで、
二等辺三角形アイウをかきます。　　1つ8点(16点)

① ウの点になる・を 1 つえらんで、
二等辺三角形を 1 つかきましょう。

できたらスゴイ！

② ウの点になる・は、全部でいくつありますか。

（　　　　　　　　　）

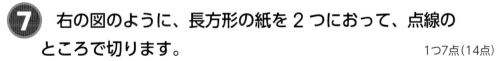

7 右の図のように、長方形の紙を 2 つにおって、点線の
ところで切ります。　　1つ7点(14点)

① アウの長さが 5 cm のとき、広げた形は、何という三角形に
なりますか。

（　　　　　　　　　）

② 広げた形が正三角形になるのは、アウが何 cm のときですか。

（　　　　　　　　　）

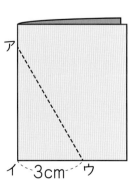

ふりかえり　1 がわからないときは、100 ページの 1 にもどってかくにんしてみよう。

そろばん

教科書　下 95〜97 ページ　　答え　38 ページ

1 そろばんにおかれた数をよみましょう。

①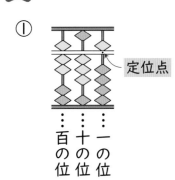

定位点

百の位
十の位
一の位

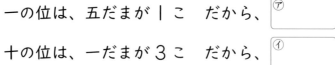

定位点のあるけたを一の位とします。

一の位は、五だまが１こ　だから、⑦ ____

十の位は、一だまが３こ　だから、⑦ ____

百の位 〈 五だまが１こ
　　　　 一だまが２こ 〉 だから、⑦ ____

そろばんにおかれた数は、⑦ ____ です。

②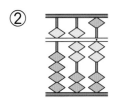

（　　　）

③

（　　　）

2 そろばんを使って、たし算をしましょう。

── 大きい位の数から計算していきます。

① 80＋37

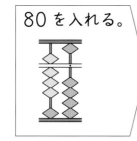
80 を入れる。

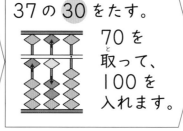
37 の 30 をたす。
70 を取って、100 を入れます。

37 の 7 をたす。
7 を入れます。

答え（　　　）

② 27＋12　　③ 73＋11　　④ 60＋43　　⑤ 80＋29

③ そろばんを使って、ひき算をしましょう。

① 60−46

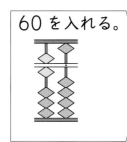

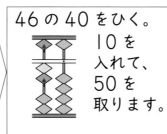

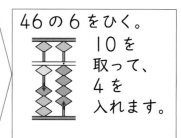

答え（　　　　　）

② 47−36　　③ 84−12　　④ 70−33　　⑤ 90−56

④ そろばんを使って、小数や大きい数の計算をしましょう。

① 0.6＋0.3

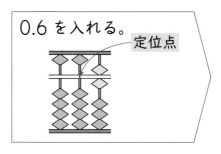

0.6 は……。
定位点のあるけたが
一の位だから、
その右に 6 を入れれば
いいね。

② 5.6−2.3

③ 3万＋5万

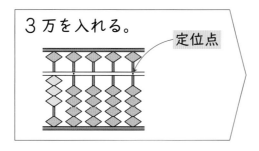

3万は、定位点のあるけたから
じゅんに左へ一、十、百、…。

④ 8万−6万

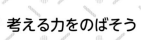

考える力をのばそう

間の数に注目して

教科書　下98〜99ページ　答え　38ページ

1 道にそって、15mごとに木が植えてあります。しょうたさんは、1本めから6本めまで走ります。しょうたさんは、何m走ることになりますか。

下の図を見て、□にあてはまる数やことばを書きましょう。

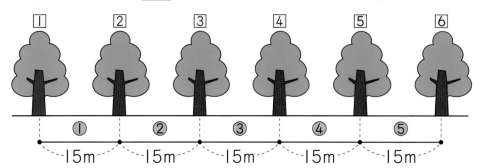

1、2、…は木の数
①、②、…は間の数
を表しているよ。

木と木の間の数は、木の数より1 ①□ から ②□ つです。

だから、しょうたさんが走る長さは、15× ③□ ＝ ④□ で、

⑤□ mです。

2 道にそって、18mごとに木が植えてあります。

① みきさんは、1本めから5本めまで走ります。

　(ア) 木と木の間の数はいくつになりますか。

　　　　　　　　　　　　　　　　　　　　　（　　　　　　　）

　(イ) みきさんは、何m走ることになりますか。

　式

　　　　　　　　　　　　　　　　答え（　　　　　　　）

② 1本めから10本めまで走るとすると、みきさんは何m走ることになりますか。

　式

　　　　　　　　　　　　　　　　答え（　　　　　　　）

3 まるい形をした池のまわりに、くいが5mごとに、8本打ってあります。この池のまわりを1しゅうすると、何mになりますか。下の図を見て、□にあてはまる数やことばを書きましょう。

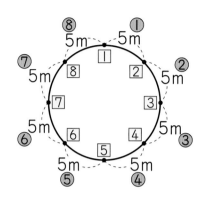

1、2、…はくいの数
①、②、…は間の数
を表しているよ。

くいとくいの間の数は、くいの数と ^{①} [　　　] だから ^{②} [　　　] つです。

だから、池のまわりを1しゅうすると、5× ^{③} [　　　] ＝ ^{④} [　　　] で、

^{⑤} [　　　] mです。

4 まるい形をした花だんのまわりに、くいが4mごとに、6本打ってあります。

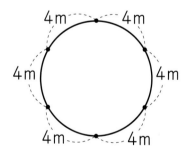

① くいとくいの間の数はいくつですか。

（　　　　　　　　　　）

② この花だんのまわりを1しゅうすると、何mになりますか。
式

答え（　　　　　　　　　　）

まとめのテスト

3年のふくしゅう
数と計算

教科書　下 100〜104 ページ　　答え　39 ページ

1 □にあてはまる数を書きましょう。　　1つ2点(4点)

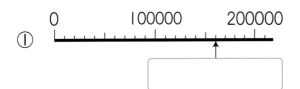

①

②

2 計算をしましょう。　　1つ4点(16点)

①
```
  356
+ 478
```

②
```
  147
+ 159
```

③
```
  115
-  78
```

④
```
  784
- 287
```

3 計算をしましょう。　　1つ4点(16点)

①
```
   64
×   8
```

②
```
  469
×    3
```

③
```
   28
× 49
```

④
```
  247
×  58
```

4 計算をしましょう。　　1つ4点(24点)

①　28÷7　　②　48÷8

③　37÷5　　④　52÷6

⑤　84÷2　　⑥　69÷3

5 あめが60こあります。1ふくろに8このあめを入れていきます。全部入れるには、ふくろは何まいあればよいでしょうか。式・答え　1つ4点(8点)

式

答え（　　　　　　　　）

6 赤のリボンの長さは9cm、白のリボンの長さは36cmです。白のリボンの長さは、赤のリボンの長さの何倍ですか。　式・答え　1つ4点(8点)

式

答え（　　　　　　　　）

7 計算をしましょう。　　1つ3点(24点)

①　2.7＋6.5　　②　3.6＋4

③　1.4−0.8　　④　5−2.3

⑤　$\frac{2}{8}+\frac{3}{8}$　　⑥　$\frac{2}{9}+\frac{7}{9}$

⑦　$\frac{6}{7}-\frac{4}{7}$　　⑧　$1-\frac{1}{6}$

まとめのテスト

3年のふくしゅう

図形・測定

教科書　下 100〜104 ページ　　答え　40 ページ

1 次の図形をかきましょう。

1つ6点(12点)

① 辺の長さが 3 cm、3 cm、2 cm の二等辺三角形

② 1 辺の長さが 3 cm の正三角形

①	②

2 □にあてはまる数を書きましょう。

1つ6点(18点)

① 直径が 10 cm の円の半径の長さは □ cm です。

② 二等辺三角形には、大きさの等しい角が □ つあります。

③ 正三角形には、大きさの等しい角が □ つあります。

3 右のように、箱に同じ大きさのボールがぴったり入っています。

1つ6点(12点)

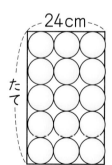

① ボールの直径は何 cm ですか。

（　　　　　　　）

② 箱のたての長さは、何 cm ですか。

（　　　　　　　）

4 □にあてはまる数を書きましょう。

⑤・⑥は全部できて　1問6点(36点)

① 1 分＝ □ 秒

② 1 km＝ □ m

③ 1 kg＝ □ g

④ 1 分 40 秒＝ □ 秒

⑤ 1490 m＝ □ km □ m

⑥ 1250 g＝ □ kg □ g

5 □にあてはまる数を書きましょう。

①は全部できて　1問5点(10点)

① 3 時 40 分から 50 分前の時こくは □ 時 □ 分です。

② 7 時 50 分から 8 時 20 分までの時間は □ 分です。

6 下の地図を見て、□にあてはまる数を書きましょう。

①は全部できて　1問6点(12点)

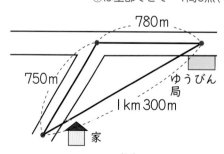

① 家からゆうびん局までの道のりは □ km □ m です。

② 家からゆうびん局までのきょりと道のりのちがいは □ m です。

111

データの活用

1 先月学校でけがをした 3 年生のけがのしゅるいを調べて、下の⑥の表に、「正」の字を使って整理しました。「正」の字を使って表した数を数字になおし、下の⑩の表に書きましょう。

全部できて　20点

⑥

切りきず	正正一
すりきず	正正
ねんざ	下
打ぼく	丁

⑩ けがのしゅるいと人数

しゅるい	人数（人）
切りきず	
すりきず	
ねんざ	
打ぼく	
合計	

2 1 月にほけん室に来た 3 年生の人数を調べて、下の表に整理しました。この表を、ぼうグラフに表しましょう。

全部できて　20点

ほけん室に来た人数（3 年生）

組	1組	2組	3組	4組	合計
人数（人）	6	2	8	5	21

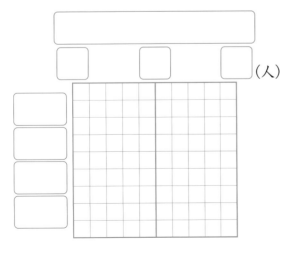

(人)

3 下のぼうグラフは、学校の前を 30 分間に通った乗り物の台数を表したものです。

学校の前を 30 分間に通った乗り物は、全部で何台ですか。(20点)

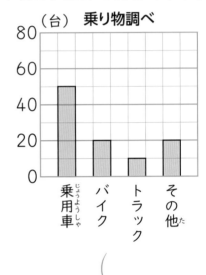

（　　　　　　　）

4 下の表は、先週 3 年生が図書室でかりた本の数を、しゅるいごとに整理したものです。　1つ10点(40点)

かりた本のしゅるい（3 年生）

しゅるい ＼ 組	1組	2組	3組	合計
物語	10	18	10	38
でんき	9	6	13	⑦
図かん	4	5	4	13
その他	1	5	5	11
合計	④	34	32	⑤

① ⑦〜⑤に入る数を書きましょう。

② 先週 3 年生がかりた本で、いちばん多い本のしゅるいは何ですか。

（　　　　　　　）

この本の終わりにある「学力しんだんテスト」をやってみよう！

教科書ぴったりトレーニング
答えとてびき

東京書籍版　算数3年

問題がとけたら…

①まずは答え合わせをしましょう。

②次にてびきを読んでかくにんしましょう。

🏠 **おうちのかたへ** では、次のようなものを示しています。

・学習のねらいやポイント
・他の学年や他の単元の学習内容とのつながり
・まちがいやすいことやつまずきやすいところ
お子様への説明や、学習内容の把握などにご活用ください。

⏰ **しあげの5分レッスン** では、

学習の最後に取り組む内容を示しています。
学習をふりかえることで学力の定着を図ります。

答え合わせの時間短縮に 丸つけラクラク解答 **デジタルもご活用ください！**

右のQRコードをスマートフォンなどで読み取ると、
赤字解答の入った本文紙面を見ながら簡単に答え合わせができます。

丸つけラクラク解答デジタルは以下のURLからも確認できます。
https://www.shinko-keirinwebshop.com/shinko/2024pt/rakurakudegi/MTS3da/index.html

※丸つけラクラク解答デジタルは無料でご利用いただけますが、通信料金はお客様のご負担となります。
※QRコードは株式会社デンソーウェーブの登録商標です。

---

① かけ算

ぴったり1 じゅんび　2ページ

1 ① 8　② 40　③ 8　④ 40　⑤ 8　⑥ 40

2 (1)① 10　② 50　(2)③ 4　④ 40　⑤ 4　⑥ 40

(3)⑦ 48　⑧ 78　⑨ 60　⑩ 3　⑪ 18　⑫ 78

ぴったり2 練習　3ページ　**てびき**

1 ① 7　② 2　③ 3　④ 4

2 ①⑦ 35　④ 3　⑦ 21　㋤ 56

②⑦ 5　④ 25　⑦ 5　㋤ 30

3 ①⑦ 12　④ 36

②⑦ 12　④ 24

③⑦ 8　④ 16　⑦ 10　㋤ 26

④⑦ 10　④ 30　⑦ 12　㋤ 42

4 ① 80　② 30

③ 90　④ 77

⑤ 70　⑥ 128

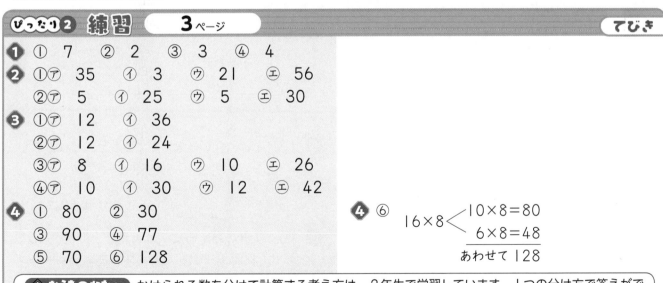

🏠 **おうちのかたへ** かけられる数を分けて計算する考え方は、2年生で学習しています。1つの分け方で答えができたら、分け方を変えて計算させるとよいでしょう。

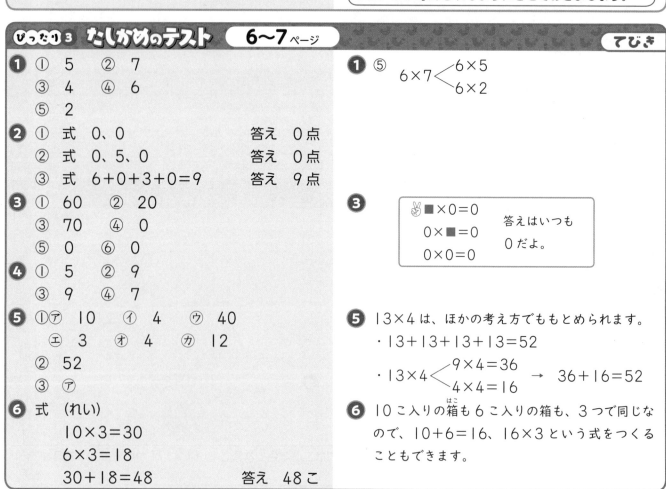

1 ① 3　② 6　③ 0　④ 0　⑤ 0　⑥ 0　⑦ 9　⑧ 9

2 (1)① 6　② 42　③ 48　④ 8

　　(2)⑤ 9　⑥ 4

ぴったり2　練習　　5ページ　　　　　　　　　　　　てびき

❶ ① 式　3×0＝0　　　　　答え　0点

　② 式　2×1＝2　　　　　答え　2点

　③ 式　1×5＝5　　　　　答え　5点

　④ 式　0×4＝0　　　　　答え　0点

　⑤ 式　0＋2＋5＋0＝7　　答え　7点

❷ ① 0　② 0

　③ 0　④ 0

❸ ① 4　② 4　③ 8　④ 7

❸ ① 　6のだんの九九を調べます。□にじゅん
　　　に数をあてはめて、

　　　6×[3]＝18

　　　6×[4]＝24

　② 　□×7＝7×□だから、7のだんの九九
　　　を調べます。

🏠 おうちのかたへ　九九を使って、かけられる数や
かける数を求めることは、「③わり算」へつながります。
スムーズに求められるようにさせておきましょう。

ぴったり3　たしかめのテスト　　6〜7ページ　　　　てびき

❶ ① 5　② 7

　③ 4　④ 6

　⑤ 2

❷ ① 式　0、0　　　　　答え　0点

　② 式　0、5、0　　　　答え　0点

　③ 式　6＋0＋3＋0＝9　答え　9点

❸ ① 60　② 20

　③ 70　④ 0

　⑤ 0　⑥ 0

❹ ① 5　② 9

　③ 9　④ 7

❺ ①⑦ 10　④ 4　⑦ 40

　　⑤ 3　⑦ 4　⑦ 12

　② 52

　③ ⑦

❻ 式　(れい)

　　10×3＝30

　　6×3＝18

　　30＋18＝48　　　　答え　48こ

❶ ⑤
$$6×7 \begin{cases} 6×5 \\ 6×2 \end{cases}$$

❸
✌ ■×0＝0	答えはいつも
0×■＝0	0だよ。
0×0＝0	

❺ 13×4は、ほかの考え方でももとめられます。

・13＋13＋13＋13＝52

・$13×4 \begin{cases} 9×4＝36 \\ 4×4＝16 \end{cases}$ → 36＋16＝52

❻ 10こ入りの箱も6こ入りの箱も、3つで同じな
ので、10＋6＝16、16×3という式をつくる
こともできます。

② 時こくと時間のもとめ方

ぴったり① **じゅんび** 8 ページ

1 10、20、7、20

2 10、10、20

3 1、30

ぴったり② **練習** 9 ページ
てびき

❶ 2時30分

❷ 40分

❸ 9時50分

❹ 2時間20分

❺ ① 40秒　② 60秒
　③ 1分10秒　④ 180秒

❶ 1時40分から50分後の時こくをもとめます。
2時までは20分だから、2時から30分たった時こくです。

❷ 7時40分から8時20分までの時間をもとめます。
8時まで20分、8時から20分です。

❸ 10時20分から30分前の時こくをもとめます。

20分前が10時だから、10時から10分前の時こくです。

❹ 1時間50分と30分をあわせます。

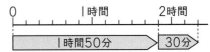

60分＝1時間だから、1時間50分と10分で2時間。あと20分たします。

❺ ③　1分＝60秒だから、70秒は、1分とあと10秒。
　④　3分は、60秒の3つ分です。

ぴったり③ **たしかめのテスト** 10〜11 ページ
てびき

❶ ① 30、10　② 3、10

❷ ① 10秒　② 45秒

❸ ① 60　② 1、30

❹ ① 300　② 2、30
　③ 1、40　④ 150

❸　1分＝60秒

❹ ① 5分は、60秒が5つ分です。
　② 150秒は、60秒が2つ分と、30秒です。
　　　　　　　　　　　2分
　③ 100分は、60分と40分です。
　　　　　　　　1時間
　④ 2時間30分は、60分が2つ分と30分です。
　　　　　　　　　　　2時間

⑤ ① 分　② 秒　③ 時間　④ 分

⑥ 45分

⑦ 午後2時30分

⑧ 65(分)、1(時間)5(分)

⑤ ② 100m走の世界記ろくは9秒台です。小学生だと20秒ぐらいかかります。

③ 1日は24時間です。そのうち、9時間ぐらいねて、15時間ぐらい起きています。

⑥ 12時まで20分、12時から25分です。

⑦

10分前が3時、3時から30分前の時こくです。

⑧ 40分＋25分＝65分、65分は、60分と5分です。
　　　　　　　　　　　　　　　　　1時間

🕐しあげの5分レッスン　時こくと時間のちがいをしっかり理かいして、お話をつくってみよう。

3 わり算

ぴったり1 じゅんび　12ページ

1 ① 2　② 8　③ 4　④ 2

2 ① 28　② 7　③ 7　④ 28　⑤ 7

ぴったり2 練習　13ページ　てびき

1 ① 5こ　② 15÷3(＝5)

2 ① 6まい　② 12÷2(＝6)

3 式 30÷5＝6　　　　答え 6cm

4 式 32÷8＝4　　　　答え 4本

1 ① 右の絵から、答えは5こになります。

② 1人分の数をもとめるから、わり算の式になります。

2 ① 右の絵から、答えは6まいになります。

② 1人分の数をもとめるから、わり算の式になります。

3 30÷5の答えは、□×5＝30の□にあてはまる数で、□×5＝5×□だから、5のだんの九九で見つけられます。

4 32÷8の答えは、8のだんの九九で見つけられます。

ぴったり1 じゅんび　14ページ

1 ① 28　② 7　③ 7　④ 28　⑤ 7

2 (1) 0　(2) 6　(3) 1

❶ ① 6人　② 18÷3(=6)

❷ 式 54÷6=9　　　　　　　答え 9つ

❸ 式 14÷2=7　　　　　　　答え 7こ

❹ ① 4　② 2　③ 9
　④ 5　⑤ 6　⑥ 8
　⑦ 0　⑧ 8　⑨ 1

❶ ① 右の絵から、答えは
　6人になります。
　② 同じ数ずつ何人に分
　けられるかをもとめる
　から、わり算の式にな
　ります。

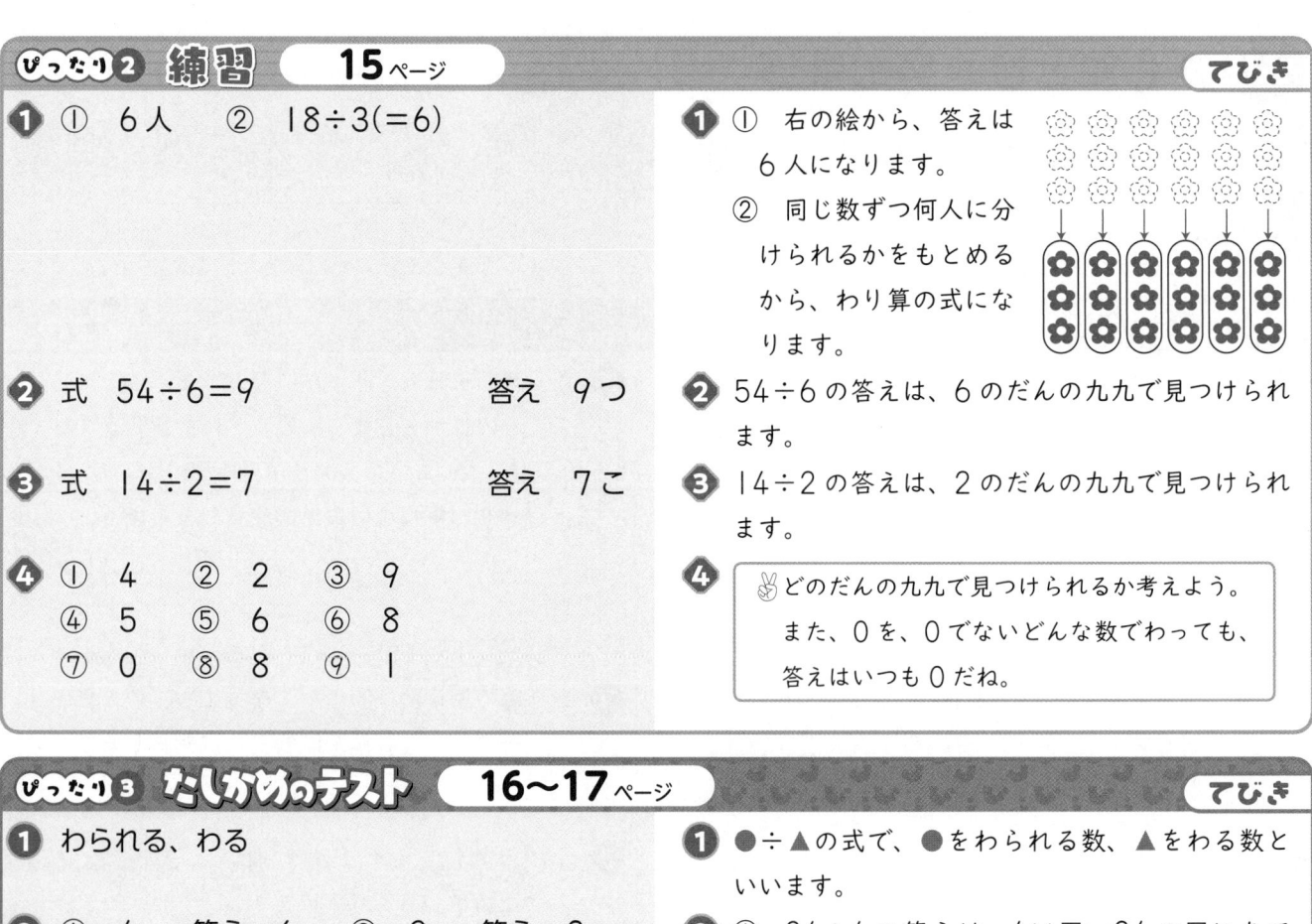

❷ 54÷6の答えは、6のだんの九九で見つけられ
ます。

❸ 14÷2の答えは、2のだんの九九で見つけられ
ます。

❹ ✌どのだんの九九で見つけられるか考えよう。
また、0を、0でないどんな数でわっても、
答えはいつも0だね。

❶ わられる、わる

❷ ① 4　答え 6　② 9　答え 3

❸ ① 9　② 4　③ 4　④ 8
　⑤ 6　⑥ 0　⑦ 5　⑧ 1

❹ ① 式 21÷7=3　　　　　答え 3本
　② 式 21÷7=3　　　　　答え 3人

❺ ① 式 24÷6=4　　　　　答え 4人
　② 式 36÷4=9　　　　　答え 9まい

❻ ⑤

❶ ●÷▲の式で、●をわられる数、▲をわる数と
いいます。

❷ ① 24÷4の答えは、4×□=24の□にあて
はまる数です。
② 27÷9の答えは、9×□=27の□にあて
はまる数です。

❹ 1人分の数をもとめるときも、何人に分けられ
るかをもとめるときも、どちらもわり算の式にな
ります。

❺ 1チームの人数をもとめるときも、同じ数ずつ
パンをふくろにつめたときのふくろの数をもとめ
るときも、わり算の式になります。

❻ あ プリンののこりの数をもとめるので、ひき算
の式になります。式は10−2になります。
い 1箱10こ入りの2箱分のキャラメルの数
をもとめるので、かけ算の式になります。式は
10×2になります。
う 何人に分けられるかをもとめるので、わり算
の式になります。式は10÷2になります。
え 2まいずつ10人に分けるのにひつようなお
り紙の数をもとめるので、かけ算の式になりま
す。式は2×10になります。

🏠おうちのかたへ わり算を正確に速く計算できるようになるためにも、九九をしっかり覚えさせましょう。

④ たし算とひき算の筆算

1 537

2 183

てびき

❶
① 163
+214
377

② 156
+327
483

③ 462
+ 86
548

④ 584
+239
823

⑤ 354
+248
602

⑥ 745
+493
1238

❷
① 578
−342
236

② 956
−427
529

③ 651
−293
358

❸
① 801
−523
278

② 504
− 67
437

③ 1000
− 458
542

❶ たし算の筆算は、3けたになっても、位をそろえて、一の位からじゅんに位ごとに計算します。
④、⑤、⑥はくり上がりが2回あります。くり上がりをわすれないように注意しましょう。

❷ ひき算の筆算は、3けたになっても、位をそろえて、一の位からじゅんに位ごとに計算します。

❸ 1つ上の位からくり下げられないときは、もう1つ上の位からくり下げます。

1 (1)① 11 ② 8 ③ 9819
(2)④ 14 ⑤ 7 ⑥ 11 ⑦ 6 ⑧ 2671

てびき

❶
① 1457
+4389
5846

② 5392
+1208
6600

③ 4058
+3981
8039

④ 4758
−2593
2165

⑤ 5046
−3987
1059

⑥ 7204
−6597
607

❷
① 6431
+ 374
6805

② 358
+7246
7604

③ 4967
+ 33
5000

④ 4284
− 327
3957

⑤ 1045
− 679
366

⑥ 3021
− 57
2964

❶ たし算やひき算の筆算は、数が大きくなっても、位をそろえて、一の位からじゅんに位ごとに計算します。

❷ くり上がりやくり下がりに注意しましょう。

おうちのかたへ たし算とひき算の筆算は、2年生から順にけた数を増やして学習してきました。また、3年2学期と4年1学期には、小数のたし算とひき算を、同じように、けた数を増やしながら学習します。位を縦にそろえて書き、小さい位から順に計算することを、しっかり理解させましょう。

❶ ① 499　② 917　③ 825
　④ 322　⑤ 166　⑥ 328

❷ ① 304　② 648　③ 2343
　　+859　　+ 52　　+3467
　　1163　　 700　　 5810

　④ 426　⑤ 503　⑥ 8024
　　− 82　　− 7　　−4568
　　 344　　 496　　 3456

❸ ①まちがい　筆算の位がそろっていない。
　　　正しい答え　575
　②まちがい　十の位から1くり下げたことを
　　　　　　わすれて計算している。
　　　正しい答え　204

❹ (れい)①　1042、3958
　　　　②　3704、1296

❺ ① 式　328+437=765
　　　　　　　　　　答え　765まい
　② 式　1000−626=374
　　　　　　　　　　答え　374円
　③ 式　471−85=386
　　　　　　　　　　答え　386人

❶ くり上がりやくり下がりに注意しましょう。

❷ 筆算を書くときには、位をそろえて書きます。
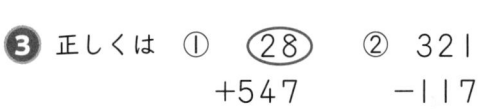

❸ 正しくは　①　㉘　　② 321
　　　　　　　　+547　　−117
　　　　　　　　 575　　 ⑳④

❹ 一の位は、たすと10になる数を考えます。
　下の位から1くり上がるから、十の位と百の位は、
　たすと9になり、千の位は、たすと4になる数
　を考えます。

❺ ① 328　② 1000　③ 471
　　+437　　− 626　　− 85
　　 765　　 374　　 386

┌─────────────────────────────────────┐
│ ⏰しあげの5分レッスン　計算する前に、答えの見当 │
│ をつけるようにしよう。 　　　　　　　　　　　 │
└─────────────────────────────────────┘

⭐ 考える力をのばそう

⭐ ①❶㋐ 100　㋑ 100　㋒ 100
　　　　㋓ 200　㋔ 200
　　❷㋕ 200　㋖ 30　㋗ 170
　　　　㋘ 170
　②❶㋐ 100　㋑ 30　㋒ 70
　　　　㋓ 70
　　❷㋔ 70　㋕ 100　㋖ 170
　　　　㋗ 170

⭐ (れい)式　100+100−40=160
　　　　　　　　　　答え　160 cm

⭐ ㋐ 170　㋑ 120　㋒ 80
　　㋓ 170　㋔ 120　㋕ 80
　① 式　120+80=200
　　　　　　　　　　答え　200 cm
　② 式　200−170=30
　　　　　　　　　　答え　30 cm

⭐ ①　先にものさし2本分の長さをもとめてから、
　　あとで重なりの部分をひいています。
　②　先に、1本のものさしの長さから重なりの部
　　分をひいて、あとでもう1本のものさしの長
　　さをたしています。
　　(㋔と㋕は、じゅん番がちがっていてもよいで
　　す。)

⭐ あとで重なりの部分をひいて、花だんの横の長さ
　をもとめています。
　べつの考え　先に重なりの部分をひいて、花だん
　の横の長さをもとめます。
　100−40=60
　60+100=160

⭐ ②　2本のテープの長さをたすと、全体の長さ
　　より長くなります。その長い部分の長さがつな
　　ぎめの長さです。

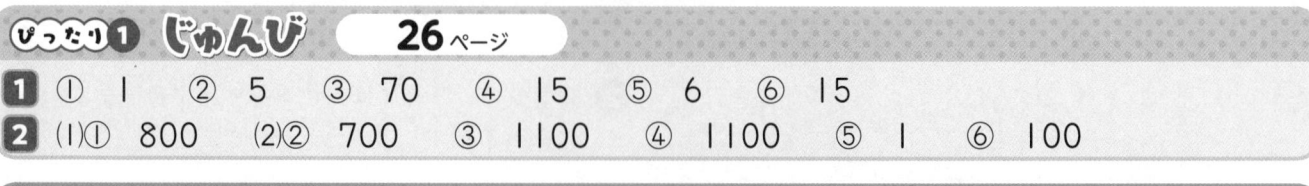

5 長いものの長さのはかり方と表し方

1 ① I　② 5　③ 70　④ 15　⑤ 6　⑥ 15

2 (1)① 800　(2)② 700　③ 1100　④ 1100　⑤ I　⑥ 100

てびき

1 ①⑦ 11 m 90 cm
　　① 12 m 25 cm
　②⑦ 4 m 82 cm
　　① 5 m 17 cm

2

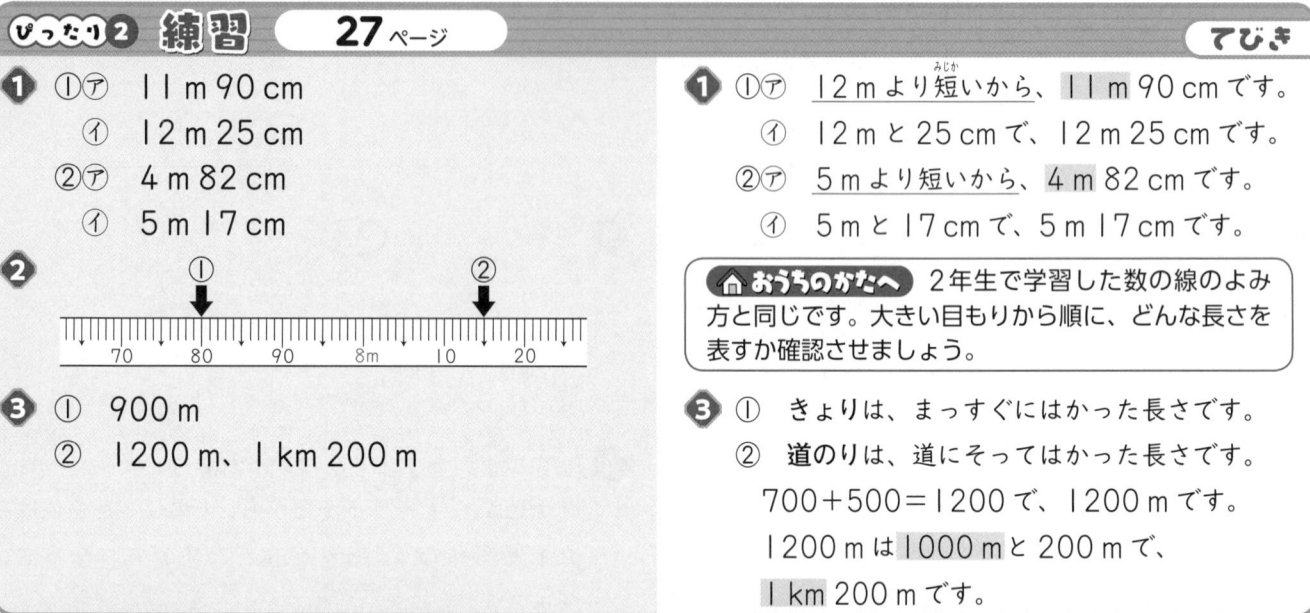

3 ① 900 m
　② 1200 m、1 km 200 m

1 ①⑦ 12 m より短いから、11 m 90 cm です。
　　① 12 m と 25 cm で、12 m 25 cm です。
　②⑦ 5 m より短いから、4 m 82 cm です。
　　① 5 m と 17 cm で、5 m 17 cm です。

🏠**おうちのかたへ** 2年生で学習した数の線のよみ方と同じです。大きい目もりから順に、どんな長さを表すか確認させましょう。

3 ① きょりは、まっすぐにはかった長さです。
　② 道のりは、道にそってはかった長さです。
　　700＋500＝1200 で、1200 m です。
　　1200 m は 1000 m と 200 m で、
　　1 km 200 m です。

てびき

1 ①⑦ 3 m 85 cm
　　① 4 m 20 cm
　②⑦ 9 m 58 cm
　　① 10 m 4 cm

2 ① ⑤　② ⑥　③ ⑥　④ ⑥

3 ① I、640
　② 1030

4 ① cm　② km　③ m
　④ mm

5 ① 700 m　② 900 m
　③ 100 m

6 ① 1 km 60 m
　② 1800 m、1 km 800 m

1 まきじゃくの 1 めもりは 1 cm です。
　①⑦ 4 m より短いから、3 m 85 cm です。
　　① 4 m と 20 cm で、4 m 20 cm です。
　②⑦ 10 m より短いから、9 m 58 cm です。
　　① 10 m と 4 cm で、10 m 4 cm です。

2 長いものやまるいものの長さをはかるときは、まきじゃくがべんりです。

3 ① 1640 m は 1000 m と 640 m で、
　　1 km 640 m です。
　② 1 km 30 m は 1000 m と 30 m で、1030 m です。

4 ✌ 1 cm＝10 mm、1 m＝100 cm、
　　1 km＝1000 m だったね。

5 ① きょりは、まっすぐにはかった長さです。
　② 200＋700＝900 で、900 m です。
　③ 銀行の前を通って行くときの道のりは、
　　500＋500＝1000 で、1000 m。道のりのちがいは、1000－900＝100 で、100 m です。

6 ① 1060 m は 1000 m と 60 m で、1 km 60 m。
　② 600＋800＋400＝1800 で、1800 m です。
　　1800 m は 1000 m と 800 m で、
　　1 km 800 m です。

6 ぼうグラフと表

1 ① 下 ② T ③ 3 ④ 2 ⑤ 10

2 (1) 10、5、2 (2) 18、14、4 (3) 4、12、$\frac{1}{3}$

てびき

1 ⑦

サッカー	正下
ドッジボール	正
野球	下
テニス	一
水泳	T
たっ球	一

① すきなスポーツと人数

しゅるい	人数(人)
サッカー	8
ドッジボール	5
野球	3
その他	4
合計	20

2 ① 右の図
② 1
③ 右の図
④ 右の図
⑤ 右の図

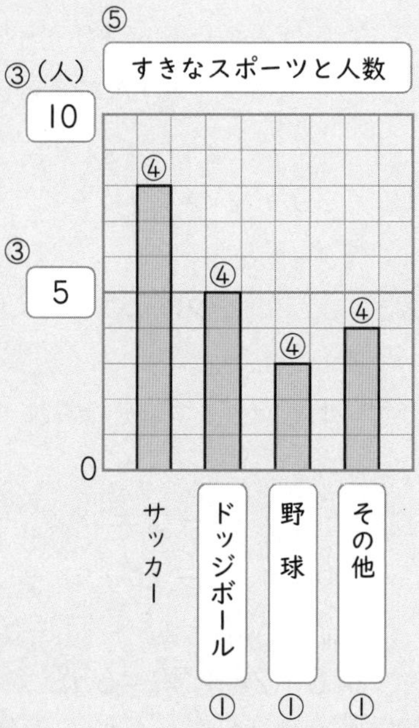

③(人) すきなスポーツと人数
10
5
0

④ サッカー ④ ドッジボール ④ 野球 ④ その他
① ① ①

1 ⑦ 調べ終わったものにしるしをつけて、もれや重なりがないようにしましょう。

✌1人…一、2人…T、3人…下、4人…正、5人…正、と表すよ。

① テニスと水泳とたっ球は人数が少ないので、まとめて「その他」とします。
「合計」が全体の人数と合っているか、たしかめましょう。

2 ① 「その他」は、数が多くてもさいごに書きます。
② グラフのたてのじくのめもりは全部で10あります。いちばん多い数は8だから、1めもりを1にします。
③ たてのじくの1めもりの数は1だから、たてのじくの真ん中のめもりは5になります。
④ サッカーは8めもり分、ドッジボールは5めもり分、野球は3めもり分、その他は4めもり分のぼうをかきます。
⑤ 何を調べたかを書きます。

✌ぼうグラフに表すと、何が多くて何が少ないかがひと目でわかるよ。

🏠 おうちのかたへ 小学校では、いろいろなグラフを学習します。複数の数量の数が比較しやすい棒グラフ、変わり方が一目でわかる折れ線グラフ(4年)、割合を表した円グラフや帯グラフ(5年)、散らばりの様子を表したヒストグラム(6年)です。グラフに表すことと、グラフから読み取ることができるようにさせましょう。

---

1 (1)① 25 ② 6 ③ 3 ④ 27 ⑤ 28 ⑥ 13 ⑦ 9 ⑧ 80
(2) 6、13、13 (3) 30、28、13、ねこ

1 ① 下の表

すきなスポーツ（1〜3組）　　　（人）

しゅるい ＼ 組	1組	2組	3組	合計
サッカー	11	9	5	25
野球	7	4	7	18
ドッジボール	9	12	12	33
その他	3	6	4	13
合計	30	31	28	㋐89

② 3年生の3クラスの人数の合計
③ ドッジボール

2 ① ㋐ 12　　㋑ 15　　㋒ 35
② （3ぱん）物語　　（1組）どう話

1 ③ 表の横にたした合計を見ると、上からじゅんに 25、18、33、13 です。いちばん多い数は 33 だから、すきな人がいちばん多いスポーツはドッジボールです。

2 ①㋐ 5＋3＋4＝12
　　㋑ 6＋5＋4＝15
　　㋒ 15＋13＋7＝35
　　　（12＋12＋11＝35）
② 3ぱん…表の「3ぱん」の下をたてに見ていきます。
　1組全体…表の横にたした合計（いちばん右のらん）を見ていきます。

1 ① 右の表
② キウイ、ぶどう
③ メロン
④ （れい）「その他」には、みかんより人数が少ないキウイやぶどうがふくまれているから。

すきなくだものと人数

しゅるい	人数（人）
いちご	9
メロン	11
バナナ	7
みかん	4
その他	5
合計	36

2 ① 右の図
② 右の図

図書室で本をかりた人数

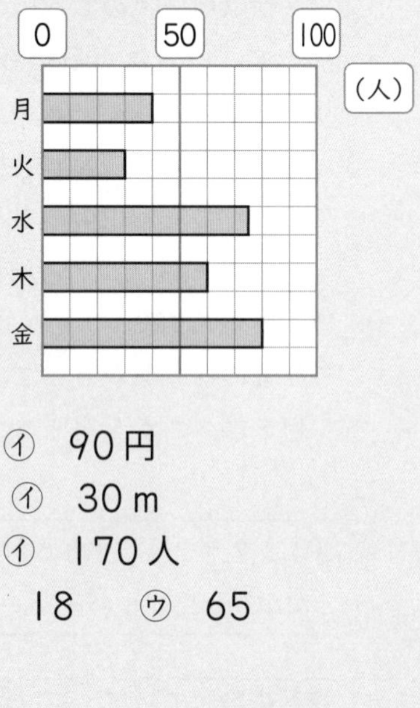

3 ①㋐ 10円　　㋑ 90円
②㋐ 5m　　㋑ 30m
③㋐ 20人　　㋑ 170人

4 ①㋐ 18　　㋑ 18　　㋒ 65
② すりきず

5 （れい）　西小学校と東小学校のぼうグラフは、1めもりの人数がちがいます。だから、グラフのぼうの長さが同じでも、人数がちがうからです。

1 ① いちご…5＋4＝9
　　メロン…5＋5＋1＝11
　　バナナ…5＋2＝7
② 人数が少ないものをまとめて「その他」とします。

2 ① いちばん多い数が 80 だから、横のじくの1めもりの数は、80 が表せるように決めます。

3 ①㋐ 20 が2つに分けられているから、10円です。
②㋐ 10 が2つに分けられているから、5mです。
③㋐ 100 が5つに分けられているから、20人です。

4 ①㋐ 5＋4＋6＋3＝18
　　㋑ 6＋4＋8＝18
　　㋒ 20＋16＋18＋11＝65
　　　（18＋24＋23＝65）
② 表の横にたした合計（いちばん右のらん）を見ると、上からじゅんに 20、16、18 です。いちばん多い数は 20 だから、すりきずだとわかります。

5 西小学校と東小学校のぼうグラフの1めもりが、それぞれ何人を表しているかを考えます。
西小学校…10 を5つに分けているから2人です。
東小学校…5 を5つに分けているから1人です。

ぴったり1 **じゅんび**	**36** ページ

1 (1)① 16　② 16　③ 86　④ 3　⑤ 86
　　(2)⑥ 5　⑦ 55　⑧ 2　⑨ 55

ぴったり2 **練習**	**36** ページ	**てびき**

1 ① 78　② 85　③ 72
　④ 92　⑤ 70　⑥ 35
　⑦ 24　⑧ 25　⑨ 4
　⑩ 6　⑪ 71　⑫ 58

1 数を何十といくつに分けたり、数を何十とみて考えたりします。

② 27＋58
20 7 50 8
　❶20＋50＝70
　❷7＋8＝15
　❸70＋15＝85

27＋58
　❶58 を 60 とみる。
　❷27＋60＝87 で
　　2 多くたしているから、
　　87－2＝85

⑦ 40－16
30 10 10 6
　❶30－10＝20
　❷10－6＝4
　❸20＋4＝24

40－16
　❶16 を 20 とみる。
　❷40－20＝20 で
　　4 多くひいているから、
　　20＋4＝24

⑪ 100－29
20 9
　❶100－20＝80
　❷80－9＝71

100－29
　❶29 を 30 とみる。
　❷100－30＝70 で
　　1 多くひいているから、
　　70＋1＝71

ぴったり3 **たしかめのテスト**	**37** ページ	**てびき**

1 ① 68　② 87　③ 83
　④ 90　⑤ 42　⑥ 31
　⑦ 28　⑧ 4　⑨ 5
　⑩ 7　⑪ 62　⑫ 87

2 ① 71円　② 16円
　③ 46円　④ チョコレート

1 自分のやりやすいしかたで考えましょう。
かんぜんに頭の中で暗算してもいいし、少しメモをしながら考えてもいいです。

2 ① ビスケットは 38 円、ミニラーメンは 33 円だから、式は 38＋33 です。
② キャンディーは 47 円、ラムネは 63 円だから、式は 63－47 です。
③ せんべいは 54 円だから、式は 100－54 です。
④ グミは 76 円だから、100－76 でもとめるか、76＋□＝100 の □ がいくつになるかでもとめられます。

おうちのかたへ 2つの数をよく見て、計算が簡単になる考え方を見つけさせましょう。特に、一の位の数が、ひく数の方が大きいひき算では、注意させましょう。

⑧ あまりのあるわり算

1 ① 5　② 6　③ 1　④ 3　⑤ 1　⑥ 3　⑦ 1

2 (1) 8、4　(2) 7、9、2

てびき

1 わりきれる計算　い、え
わりきれない計算　あ、う

2 式　25÷4＝6 あまり 1
答え　6 ふくろできて、1 まいあまる。

3 式　50÷6＝8 あまり 2
答え　8 本できて、2 cm あまる。

4 式　40÷7＝5 あまり 5
答え　1 人分は 5 まいになって、5 まいあまる。

5 ① 6 あまり 1　　2×6＋1＝13
② 5 あまり 4　　6×5＋4＝34
③ 9 あまり 2　　5×9＋2＝47
④ 3 あまり 1　　8×3＋1＝25
⑤ 8 あまり 3　　7×8＋3＝59
⑥ 4 あまり 5　　9×4＋5＝41

1 あまりがあるときは「わりきれない」といい、
あまりがないときは「わりきれる」といいます。
あ　18÷4＝4 あまり 2
い　42÷6＝7
う　54÷7＝7 あまり 5
え　48÷8＝6

2 4 のだんの九九を使って答えをもとめます。
わり算のあまりは、わる数より小さくなるようにします。

3 6 のだんの九九を使って答えをもとめます。

4 7 のだんの九九を使って答えをもとめます。

5 ① 13÷2＝6 あまり 1
↓　↓　　　↓
2×6　＋　1＝13

1 (1) 34、6　(2) 6、1、7

2 (1) 50、8、6、2　(2) 6、2、6

てびき

1 ① 28÷6＝4 あまり 4
② 5 こ

2 ① 68÷9＝7 あまり 5
② 8 日

3 ① 42÷5＝8 あまり 2
② 8 つ

4 ① 30÷4＝7 あまり 2
② 7 さつ

1 ② 4 こだと、4 人すわれないから、みんなが
すわるには、長いすはもう 1 こいります。
4＋1＝5

2 ② 7 日だと、まだ 5 ページのこっているから、
全部読むには、もう 1 日いります。
7＋1＝8

3 ② 5 本ずつの花たばは 8 つできて、花が 2 本
のこります。のこりの花では、花たばをもう 1
つ作ることはできません。

4 ② 7 さつ立てられて 2 cm のこります。
のこりの 2 cm には、あつさ 4 cm の本は立て
られません。

しあげの5分レッスン　あまりを 1 つのまとまりと
して答えに入れるのか、入れないのか、問題をよく読
んで、問題の場面を考えよう。

❶ ⓘ、ⓤ、ⓚ、⓬

❷ ① 3、2、14
　　② 5、1、36

❸ ① 4あまり1　　② 5あまり2
　　③ 6あまり3　　④ 8あまり4
　　⑤ 6あまり2　　⑥ 9あまり1

❹ ① 6あまり1　　　4×6+1=25
　　② 4あまり6　　　7×4+6=34
　　③ 7あまり4　　　6×7+4=46
　　④ 8あまり3　　　9×8+3=75

❺ ① 8あまり1
　　　理由　あまりの4が、わる数の3より大
　　　　　きいから。
　　② ○
　　　理由　あまりの1が、わる数の9より小
　　　　　さくて、9×6+1を計算すると、
　　　　　わられる数の55と同じになるから。

❻ ① 式　20÷3=6あまり2
　　　　答え　6人に分けられて、2こあまる。
　　② 式　35÷8=4あまり3
　　　　答え　1人分は4こになって、3こあまる。
　　③ 式　40÷6=6あまり4
　　　　　　　　　　　　　　答え　7箱
　　④ 式　58÷9=6あまり4
　　　　　　　　　　　　　　答え　6チーム

❶ わり算で、あまりがあるときは「わりきれない」
　　といいます。

❷ ① 14÷4=3あまり2
　　　　　↓　　↓　　　↓
　　　　4×3　+　2=14
　　② 36÷7=5あまり1
　　　　　↓　　↓　　　↓
　　　　7×5　+　1=36

❸ 答えがでたら、あまりがわる数より小さいかどう
　　かをたしかめましょう。

❹
> ♥わり算の答えのたしかめ
> ① あまりがわる数より小さいか。
> ② たしかめの式に数をあてはめる。

❺ わり算の答えが正しいかどうかは、たしかめの式
　　に数をあてはめただけでは、わかりません。まず、
　　あまりがわる数より小さくなっているかをたしか
　　めましょう。
　　① 3×7+4=25　…わられる数の25と同じ
　　　ですが、あまりがわる数より大きくなっている
　　　ので、まちがっています。

❻ ① 20÷3=6あまり2
　　　　　6人に分けられる　　2こあまる
　　　答えは、「何人に分けられて、何こあまる。」です。
　　　答えを書くときに気をつけましょう。
　　② チョコレートのねだん「45円」は、この問題
　　　に答えるためには使いません。
　　③ 6箱だと、まだ4まいあまっているから、
　　　全部のクッキーを入れるには、もう1箱いり
　　　ます。6+1=7
　　④ 6チームできて4人のこります。のこりの
　　　人では、チームをもう1つつくることはでき
　　　ません。

> ⌂おうちのかたへ　あまりのあるわり算は、4年生
> で学習する整数のわり算の筆算や、5年生で学習する
> 小数のわり算の筆算につながります。「あまり<わる
> 数」の確認を習慣づけさせて、正確に速く計算できる
> ようにさせましょう。

⑨ 大きい数のしくみ

1 (1)　八百三十七　　(2)　2587043

2 (1)　<　　(2)　40000、=

てびき

1 ① 五十八万六千九百二十四
② 二千三万七千五百十
③ 145117
④ 7203600
⑤ 83290000

1 ①
千	百	十	一 万	千	百	十	一
		5	8	6	9	2	4

②
千	百	十	一 万	千	百	十	一
2	0	0	3	7	5	1	0

③　十万の位が1、一万の位が4、千の位が5、百の位が1、十の位が1、一の位が7です。

④　百万の位が7、十万の位が2、一万の位はないから0、千の位は3、百の位は6、十の位と、一の位はないから0です。

⑤
千	百	十	一 万	千	百	十	一
8	3	2	9	0	0	0	0

2 ① 56000　② 470

2 ①1000を10こ集めると10000です。

一万の位	千の位	百の位	十の位	一の位
5	6	0	0	0

②
千	百	十	一 万	千	百	十	一
		4	7	0	0	0	0
			1	0	0	0

3 ア 1000　イ 25000
ウ 49000

3 いちばん小さいめもりが10こで10000になっているから、いちばん小さい1めもりは1000を表しています。

4 ① ＞　② ＝　③ ＜　④ ＞

4 ② 6000＋4000は、1000をもとにすると6＋4＝10だから、10000になり、□の左右は同じになります。

③ 700万−300万は、100万をもとにすると7−3＝4だから、400万になります。

④ 130000−60000は、10000をもとにすると、13−6＝7だから、70000になります。

1 ① 0 　② 100 　③ 1000 　④ 720 　⑤ 7200 　⑥ 72000

2 0、42

---

1 960、96

2 ① 10倍…480、100倍…4800、
　　　1000倍…48000
　② 10倍…5210、100倍…52100、
　　　1000倍…521000
　③ 10倍…3700、100倍…37000、
　　　1000倍…370000
　④ 10倍…2000、100倍…20000、
　　　1000倍…200000

3 ① 8 　② 65 　③ 70

2 数を 10倍すると、位が 1つずつ上がり、もと
の数の右に 0を 1こつけた数になります。
①
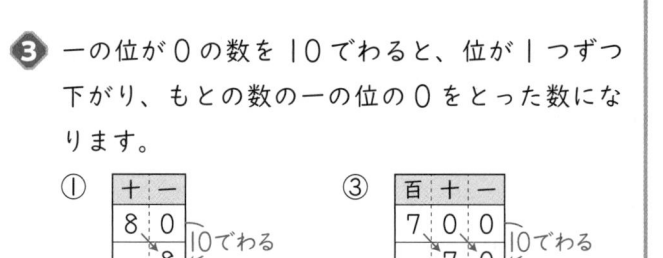

3 一の位が 0の数を 10でわると、位が 1つずつ
下がり、もとの数の一の位の 0をとった数にな
ります。

①
十	一
8	0
	8
10でわる

③
百	十	一
7	0	0
	7	0
10でわる

---

1 ① 5、8、4 　② 1、千万

2 ① 56012342
　② 4206000
　③ 185000
　④ 100000000

3 ①ア 45000 　イ 58000
　②ウ 9300万 　エ 1億

4 ① ＜ 　② ＞ 　③ ＝ 　④ ＜

5 ① 10倍…690、100倍…6900、
　　　1000倍…69000
　② 10倍…8000、100倍…80000、
　　　1000倍…800000

6 ① 5 　② 47

1 ②
千	百	十	一 万	千	百	十	一
8	9	①	3	0	0	0	0

2 ③
十万の位	一万の位	千の位	百の位	十の位	一の位
1	8	5	0	0	0

3 ① いちばん小さい 1めもりは 1000を表して
います。
　② めもりが 5こで 500万になっているから、
いちばん小さい 1めもりは 100万を表してい
ます。

4 まず、たし算やひき算の式を計算してから大小を
くらべます。

5 ①

6 一の位が 0の数を 10でわると、位が 1つずつ
下がり、もとの数の一の位の 0をとった数にな
ります。

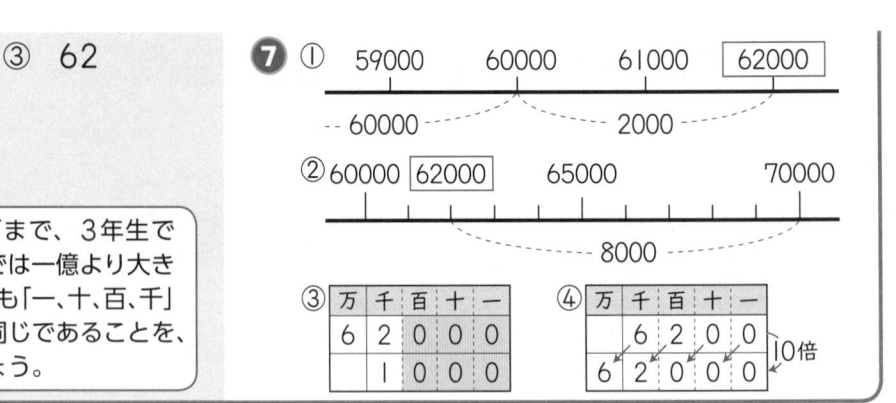

⑦ ①

| 59000 | 60000 | 61000 | 62000 |

- - 60000 - - - 2000 - -

② 60000　62000　65000　70000

- - 8000 - -

③

万	千	百	十	一
6	2	0	0	0
	1	0	0	0

④

万	千	百	十	一
		6	2	0	10倍
6	2	0	0	0

> **おうちのかたへ** 2年生では一万まで、3年生では一億までの整数を学習し、4年生では一億より大きい整数を学習します。けた数が増えても「一、十、百、千」の4つの位が繰り返され、しくみは同じであることを、しっかりと理解させるようにしましょう。

⑩ かけ算の筆算(1)

ぴったり1 じゅんび　50ページ

❶ (1)① 18　② 10　③ 180　(2)④ 28　⑤ 100　⑥ 2800
❷ (1) 72　(2) 222

ぴったり2 練習　51ページ　　　　　てびき

❶ ① 40　② 240　③ 720
　④ 2100　⑤ 6300　⑥ 3000

❷
① 14
× 2
─
28

② 21
× 4
─
84

③ 30
× 2
─
60

④ 13
× 5
─
65

⑤ 39
× 2
─
78

⑥ 15
× 6
─
90

❸
① 62
× 4
─
248

② 70
× 5
─
350

③ 84
× 9
─
756

④ 18
× 7
─
126

⑤ 46
× 9
─
414

⑥ 63
× 8
─
504

❶ かけられる数が10倍になると、答えも10倍になります。
　① $2×2=4$ ⟶ $20×2=40$
　② $4×6=24$ ⟶ $40×6=240$
　③ $8×9=72$ ⟶ $80×9=720$
かけられる数が100倍になると、答えも100倍になります。
　④ $7×3=21$ ⟶ $700×3=2100$
　⑤ $9×7=63$ ⟶ $900×7=6300$
　⑥ $6×5=30$ ⟶ $600×5=3000$

❷ かける数のだんの九九を使うと、1つのだんの九九で計算できます。

❸ 百の位にもくり上がります。くり上がりがどこで何回あっても、筆算のしかたは同じです。

しあげの5分レッスン まちがえた計算は、くり上がりに注意して、もう1回やろう。

ぴったり1 じゅんび　52ページ

❶ (1) 792　(2) 3192
❷ 10、2670

ぴったり2 練習　53ページ　　　　　てびき

❶
① 234
× 2
─
468

② 313
× 3
─
939

③ 403
× 2
─
806

❶ かけられる数が3けたになっても、九九を使って答えがもとめられます。

❷

① 325
× 3
─────
975

② 183
× 3
─────
549

③ 234
× 4
─────
936

④ 924
× 2
─────
1848

⑤ 407
× 5
─────
2035

⑥ 723
× 6
─────
4338

⑦ 537
× 3
─────
1611

⑧ 926
× 4
─────
3704

⑨ 469
× 9
─────
4221

❸ ① 720　② 1890　③ 3700

---

❷ 十の位や百の位にくり上がった数をたすのをわすれないようにしましょう。

❸
① $80×3×3=80×(3×3)$
$=80×9$
$=720$

② $189×2×5=189×(2×5)$
$=189×10$
$=1890$

③ $37×25×4=37×(25×4)$
$=37×100$
$=3700$

ぴったり3　たしかめのテスト　54〜55ページ　**てびき**

❶ ① 270　② 600　③ 4800

❷ ⑦ 30　④ 400

❸
① 12
× 3
─────
36

② 37
× 8
─────
296

③ 68
× 6
─────
408

④ 162
× 4
─────
648

⑤ 283
× 7
─────
1981

⑥ 889
× 9
─────
8001

❹ ① 580　② 6300

---

❶
① $9×3=27$ ⟶ $90×3=270$
② $3×2=6$ ⟶ $300×2=600$
③ $8×6=48$ ⟶ $800×6=4800$

❷
$431×2$ ⟨ $400×2=800$
$30×2= 60$
$1×2= 2$
─────
あわせて　862

❸ かけられる数が2けたになっても、3けたになっても、九九を使って答えをもとめることができます。十の位や百の位にくり上がった数をたすのをわすれないようにしましょう。

❹
① $58×2×5=58×(2×5)$
$=58×10$
$=580$

② $700×3×3=700×(3×3)$
$=700×9$
$=6300$

17

5 ① 答えの見当をつける式

（れい）　70×6=420

$$\begin{array}{r} 73 \\ \times\ 6 \\ \hline 438 \end{array}$$

② 答えの見当をつける式

（れい）　500×3=1500

$$\begin{array}{r} 502 \\ \times\ \ 3 \\ \hline 1506 \end{array}$$

6 式　15×7=105　　　　　答え　105こ

7 ① 式　252×4=1008　答え　1008円

　② 式　36×4=144　　　答え　144こ

8 式　164×5×2=1640　答え　1640円

---

5 正しい計算は、次のようになります。

① $\begin{array}{r} 73 \\ \times\ 6 \\ \hline {}^1 8 \end{array}$　42に　 くり上げた　1をたす。　→　$\begin{array}{r} 73 \\ \times\ 6 \\ \hline 438 \end{array}$

② $\begin{array}{r} 502 \\ \times\ \ 3 \\ \hline 6 \end{array}$　3×0の 0を書く。　→　$\begin{array}{r} 502 \\ \times\ \ 3 \\ \hline 06 \end{array}$　→　$\begin{array}{r} 502 \\ \times\ \ 3 \\ \hline 1506 \end{array}$

6 | 1箱のプリンの数 | × | 箱の数 | = | 全部の数 |

　　　　15　　　　　　　7

8 164×5×2=164×（5×2）

　　　　　　=164×10

　　　　　　=1640

---

⑪ 大きい数のわり算、分数とわり算

ぴったり1　じゅんび　**56**ページ

1 (1)① 8　② 8　③ 2　④ 2　⑤ 20　(2)⑥ 20　⑦ 21

2 3、20、20

ぴったり2　練習　**57**ページ

てびき

1 ① 30　② 40　③ 10

　④ 10　⑤ 21　⑥ 43

　⑦ 31　⑧ 11　⑨ 11

2 式　48÷4=12　　　　　答え　12まい

3 ④

4 式　24×5=120　　　　　答え　120cm

1 ①～④　10をもとに考えます。

　① 6÷2=3　⟶　60÷2=30

　⑤～⑨　位ごとに分けて考えます。

　⑤ $\begin{array}{c} 63 \\ 60\diagup 3 \end{array}$　　60÷3=20

　　　　　　　3÷3= 1

　　　　　　あわせて 21

2 | 全部のまい数 | ÷ | 分ける人数 | = | 1人分のまい数 |

3 もとの長さが長いほうが、その $\frac{1}{3}$ の長さも長くなります。

4 5等分した1こ分の長さが24cmだから、もとの長さは、24cmの5倍です。

ぴったり3　たしかめのテスト　**58〜59**ページ

てびき

1 ①⑦ 8　④ 4　⑦ 4　④ 40

　②⑦ 20　⑦ 10　④ 6

　　⑦ 3　⑦ 13

2 ① 20　② 10　③ 30

　④ 10　⑤ 20　⑥ 10

1 ②（⑦6　⑦3　④20　⑦10でもよいです。）

2 10をもとに考えます。

3 ① 12　② 21　③ 22
　　④ 34　⑤ 22　⑥ 32
4 ①　式　30÷3＝10　　　答え　10まい
　　②　式　46÷2＝23　　　答え　23こ

5 式　24÷4＝6　　　　　　答え　6cm
6 ①　式　12×3＝36　　　答え　36m
　　②　式　15×3＝45
　　　　　　45－36＝9　　　答え　9m

3 位ごとに分けて考えます。
　　①　36を30と6に分けて考えます。
4 ①　[全部のまい数÷分ける人数]
　　　　＝[1人分のまい数]
　　②　[全部のこ数÷分ける人数＝1人分のこ数]
5 24cmを4等分した1こ分の長さです。
6 ①　3等分した1こ分の長さが12mだから、
　　　赤色のリボンのもとの長さは、12mの3倍
　　　です。
　　②　3等分した1こ分の長さのちがいからもと
　　　めることもできます。
　　　式　15－12＝3、3×3＝9　　　答え　9m

12 円と球

1 1、5、2、3
2 直径、2、8、8

1 ①、②　　　　　　　　　③　8cm

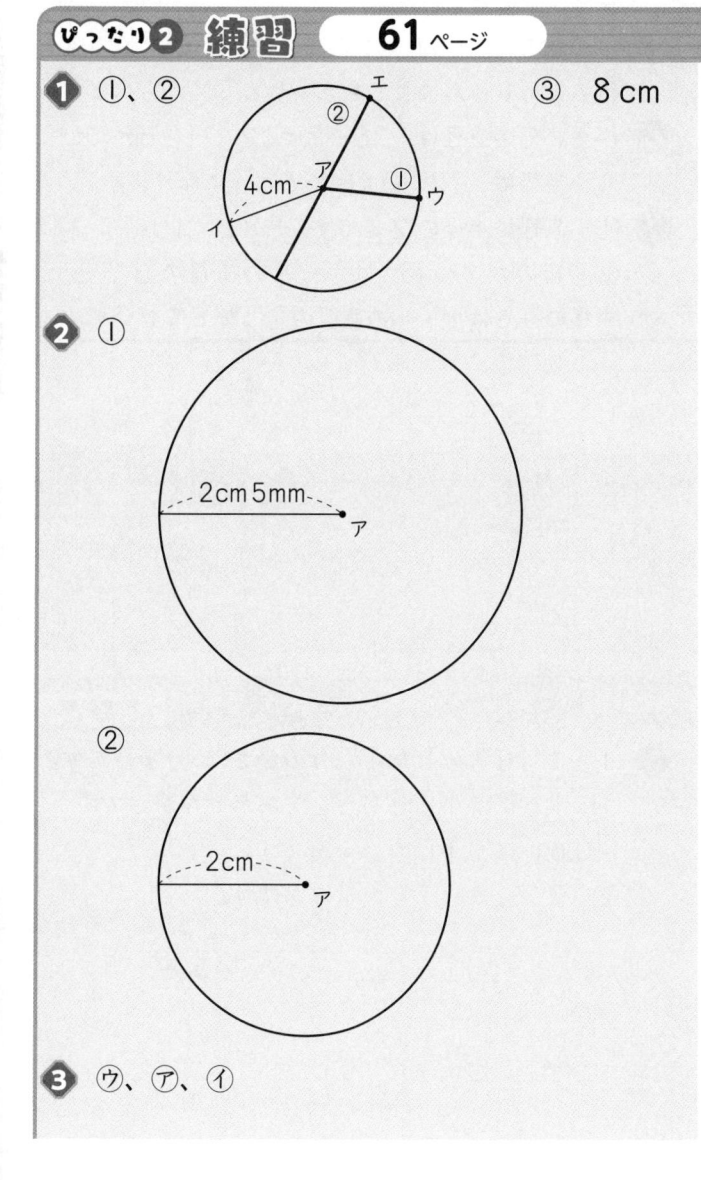

2 ①

②

3 ⑦、⑦、⑦

1 ①　中心から円のまわりまでひいた直線を半径と
　　　いいます。ウの点と中心のアの点をむすびます。
　　②　中心を通るように円のまわりからまわりまで
　　　ひいた直線を、直径といいます。
　　③　直径の長さは、半径の2倍です。

【おうちのかたへ】5年生で円周の長さを、6年生
で円の面積を学習します。半径と直径をきちんと理解
させましょう。

2　コンパスを使った円のかき方
　❶　下じきをはずします。
　❷　半径の長さに、コンパスを開きます。
　❸　中心の場所を決めて、はりをさします。
　❹　手首を自分のほうにひねってかき始めます。
　❺　とちゅうで止めないで、一気にコンパスを回
　　します。
　①　コンパスを2cm5mmに開いてかきます。
　②　直径が4cmだから半径は2cmです。
　　　コンパスを2cmに開いてかきます。

3　ものさしで長さをはからなくても、コンパスを
　使って長さをくらべられます。

④ 3 cm

④ 同じ大きさのボールが2こぴったり入っているから、箱のたての長さはボールの直径の2こ分と等しいです。

$12 \div 2 = 6$　　$6 \div 2 = 3$
↑　　　　　　↑
ボールの直径　　ボールの半径

ぴったり3 たしかめのテスト 62〜63ページ　　てびき

❶ ① 中心　② 半径　③ 直径
　④ 14
❷ ① 球
　② 円、半分
　③ 10
❸ 右の図

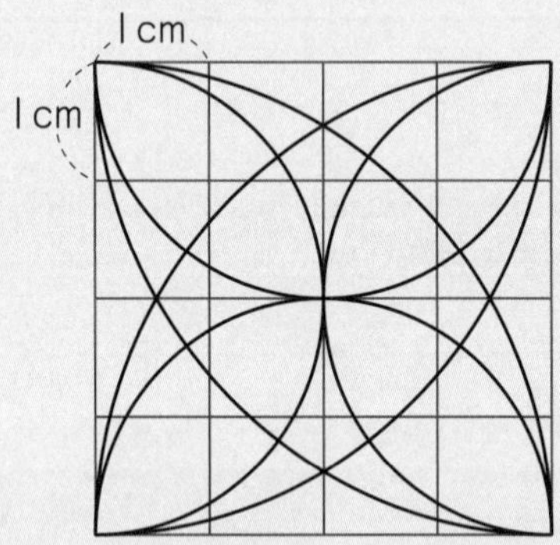

❹ 4こ分

❺ ①

❻ 6 cm

❼ ① 10 cm　② (たて)30 cm、(横)20 cm

❹ 直線⑦の長さをコンパスでうつしとり、直線を区切っていきます。

❺ ⑦の線を3つの直線とみて、コンパスで①の直線の上にじゅんに長さをうつしとってくらべます。

❻ 小さい円の直径は、36÷3=12で12 cmだから、半径は、12÷2=6で6 cmになります。

❼ ① 直径は半径の2倍です。5×2=10
　② 箱のたての長さはボールの直径の3こ分、横の長さはボールの直径の2こ分と等しいです。

⓭ 小数

ぴったり1 じゅんび 64ページ

❶ (1) 7、0.7、1.7　(2) 0.1、3.2
❷ 小数第一位
❸ 19、20、<

ぴったり2 練習 65ページ　　てびき

❶ ①

　②

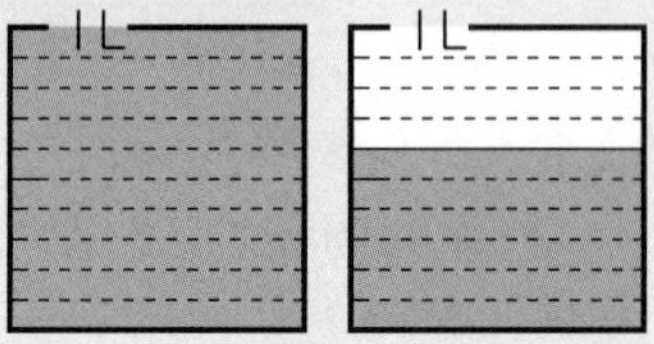

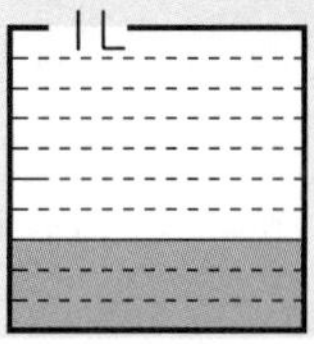

❶ 1Lを10等分した1こ分のかさは、0.1Lです。
　① 1.6Lは1Lと0.6Lをあわせたかさです。
　0.6Lは0.1Lの6こ分です。
　② 0.3Lは0.1Lの3こ分です。

② イ 2.5 cm　　ウ 4.4 cm
　　エ 0.9 cm

③ ① 4.5　　② 25.7　　③ 38

④
ウ（ ＞ ）ア（ ＞ ）イ

⑤ ①　＞　　②　＜　　③　＜

② ❷ 1 mm は 1 cm を 10 等分した 1 こ分の長さだ
　から、0.1 cm です。
　　イ　2 cm 5 mm は 2 cm と 0.5 cm だから、
　　2.5 cm です。

❸ ① 1 dL は 1 L を 10 等分した 1 こ分のかさだ
　から、0.1 L です。4 L 5 dL は 4 L と 0.5 L だ
　から、4.5 L です。
　② 25 cm と 0.7 cm で 25.7 cm です。
　③ 0.1 が 10 こで 1 になります。だから、3
　は 0.1 が 30 こ分です。

❹ いちばん小さい 1 めもりは、1 を 10 等分した
　1 こ分だから、0.1 です。

❺ ①　一の位の数字は同じだから、小数第一位の数
　　字でくらべます。7＞5 だから、0.7 は 0.5
　　より大きいです。
　②　一の位の数字でくらべます。4＜5 だから、
　　4.6 は 5.2 より小さいです。
　③　8 と 8.1 を数直線上に表すと、8 より 8.1
　　のほうが右にくるので、8 は 8.1 より小さい
　　です。

おうちのかたへ 10 こ集まると上の位になることや大小など、整数のしくみと同じであることをしっかり理解
させましょう。また、5 年生では、小数第三位まで範囲を広げて、整数と小数のしくみをまとめる学習をします。

ぴったり1 じゅんび　66 ページ

1 (1) 2、5、7、0.7　　(2) 13、7、6、0.6
2 (1) 7.3　　(2) 6　　(3) 0.5

ぴったり2 練習　67 ページ　　　　　　　　　　　　　　　てびき

❶ ①　0.6　　②　1　　③　1.5
　④　0.7　　⑤　0.4　　⑥　0.5

❷ ①　　1.6　　②　　3.5　　③　　2.9
　　＋2.3　　　　＋1.7　　　　＋4.1
　　　3.9　　　　　5.2　　　　　7.0

　④　　4.5　　⑤　　7.8　　⑥　　8.2
　　＋5　　　　　−4.2　　　　−2.4
　　　9.5　　　　　3.6　　　　　5.8

　⑦　　6.3　　⑧　　5　　　⑨　　34
　　−5.7　　　　−3.2　　　　−　1.6
　　　0.6　　　　　1.8　　　　3 2.4

❶ 0.1 をもとにして考えます。

❷ 位をそろえて書きます。答えの小数点をうつのを
　わすれないようにしましょう。
　⑧は 5 を 5.0 と考えて、⑨は 34 を 34.0 と考
　えて計算します。

　　5.0　　　　5　　　　34.0　　　3 4
　−3.2　　−3.2　　−　1.6　　−1.6

21

③ 式　1.4＋1.8＝3.2　　　　答え　3.2 L

④ 式　4.3－2＝2.3　　　　答え　2.3 m

③　1.4
　　＋1.8
　　　3.2

④　4.3
　　－2
　　　2.3

🕒 しあげの5分レッスン　答えに小数点をうつこと以外は、2年生で学習した整数のたし算やひき算の筆算と同じです。まちがえた問題は、もう1回やろう。

ぴったり1　じゅんび　68 ページ

1　① 0.7　② 0.3　③ 17　④ 7
2　(1) 0.4、0.4　(2) 3、3

ぴったり2　練習　69 ページ　　　　　　　　　　てびき

1　① 0.8　② 12
2　① 2　② 0.1　③ 0.1
　　④ 9

3　①(ア) 0.3　(イ) 6
　　②(ア) 3　(イ) 0.4

1　いちばん小さい 1 めもりは 0.1 です。

2
```
0  0.1     1         2      2.9 3
|←0.1が20こ→|←0.1が9こ→|0.1
←─── 2 ───→←── 0.9 ──→
```

3　①
(ア)
```
  3      4      5 ↓  6
←── 5 ──→  0.3
```
(イ)
```
  3      4      5 ↓  6
          0.7
```
②
(ア)
```
  1      2      3 ↓  4
←── 3 ──→  0.6
```
(イ)
```
  1      2      3 ↓  4
          0.4
```

ぴったり3　たしかめのテスト　70〜71 ページ　　　　てびき

1　① 2.5(L)　25(こ分)
　　② 0.3(L)　3(こ分)

2　ア 0.6 cm　イ 1.9 cm　ウ 3.4 cm

1　小さいめもりは、1L を 10 等分した 1 こ分だから 0.1L です。
　① 1L より少ないかさは、小さいめもり 5 こ分だから、0.5L です。2L と 0.5L で 2.5L です。また、1L は 小さいめもり 10 こ分だから、2.5L は 0.1L の 25 こ分です。
　② 小さいめもり 3 こ分だから、0.3L で、0.1L の 3 こ分です。

2　いちばん小さい 1 めもりは、1cm を 10 等分した 1 こ分の長さだから、0.1cm です。

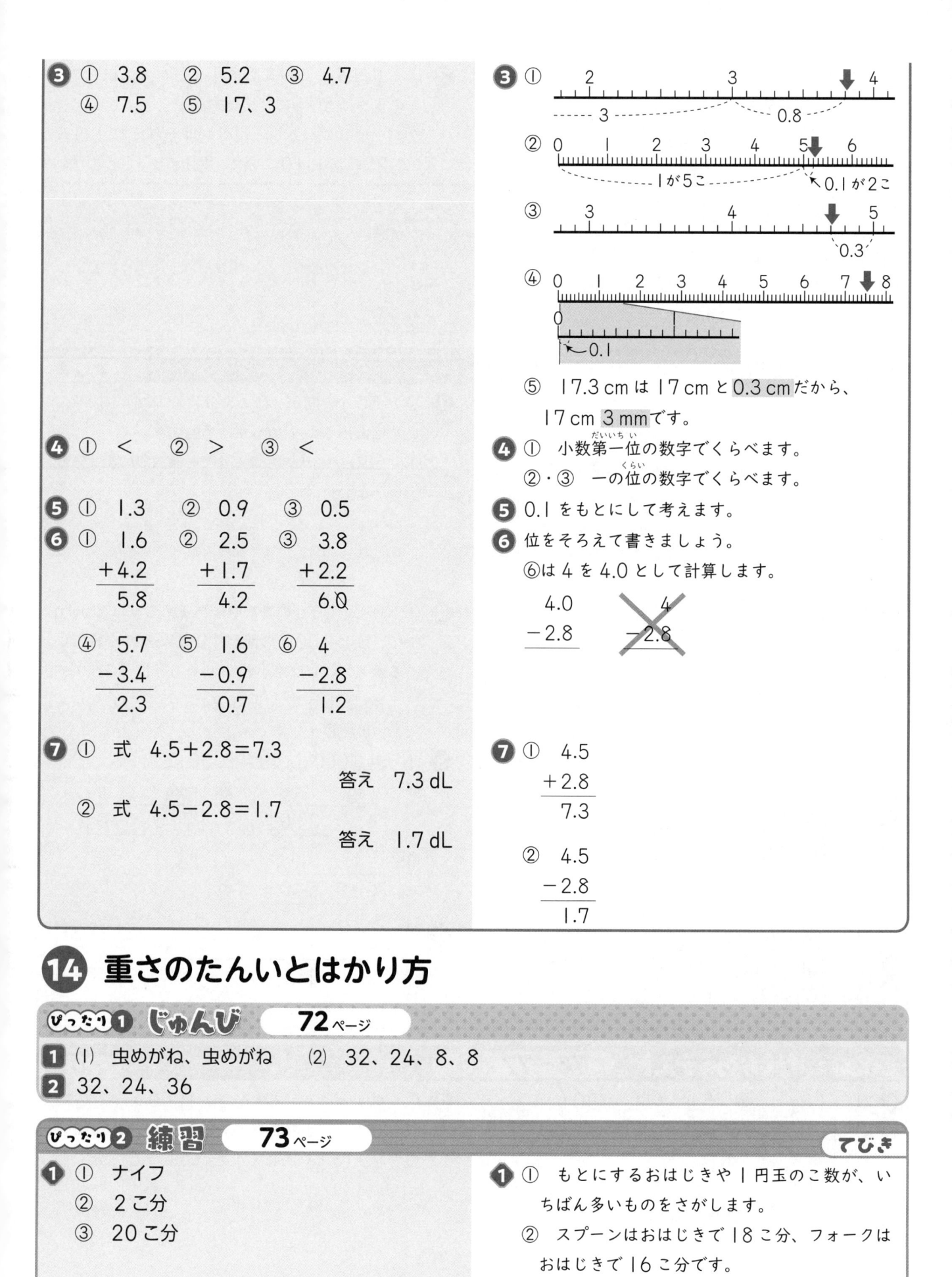

3 ① 3.8 ② 5.2 ③ 4.7
④ 7.5 ⑤ 17、3

4 ① ＜ ② ＞ ③ ＜

5 ① 1.3 ② 0.9 ③ 0.5

6 ① 1.6 ② 2.5 ③ 3.8
     ＋4.2 ＋1.7 ＋2.2
     5.8   4.2   6.0

④ 5.7 ⑤ 1.6 ⑥ 4
   －3.4 －0.9 －2.8
   2.3   0.7   1.2

7 ① 式 4.5＋2.8＝7.3

         答え 7.3 dL

② 式 4.5－2.8＝1.7

         答え 1.7 dL

3 ①

② 0 1 2 3 4 5 6
   1が5こ 0.1が2こ

③ 3 4 5
     0.3

④ 0 1 2 3 4 5 6 7 8
   0
   0.1

⑤ 17.3 cm は 17 cm と 0.3 cm だから、
17 cm 3 mm です。

4 ① 小数第一位の数字でくらべます。
②・③ 一の位の数字でくらべます。

5 0.1 をもとにして考えます。

6 位をそろえて書きましょう。
⑥は 4 を 4.0 として計算します。
   4.0   4
  －2.8   －2.8

7 ① 4.5
        ＋2.8
         7.3

② 4.5
   －2.8
    1.7

⑭ 重さのたんいとはかり方

ぴったり1 じゅんび 72ページ

1 (1) 虫めがね、虫めがね (2) 32、24、8、8
2 32、24、36

ぴったり2 練習 73ページ

てびき

1 ① ナイフ
② 2こ分
③ 20こ分

1 ① もとにするおはじきや1円玉のこ数が、い
ちばん多いものをさがします。
② スプーンはおはじきで18こ分、フォークは
おはじきで16こ分です。
③ ナイフは1円玉で65こ分、スプーンは1
円玉で45こ分です。

② ① 80 g
②(ア) カスタネット、32 g
　(イ) 消しゴムが 15 g 重い。

② ① 1円玉1この重さは1gだから、80こ分
　の重さは80gになります。
②(イ) 消しゴムとボールペンはそれぞれ1円玉
　25こ分と10こ分で、25gと10gです。

ぴったり1 じゅんび 　74 ページ

1 1000、5、430
2 (1) 1000、1700　(2) 1000、8
3 (1) 1　(2) 1000

ぴったり2 練習 　75 ページ

　　　　　　　　　　　　　　　　　　　　　　　てびき

① ① 640 g　②

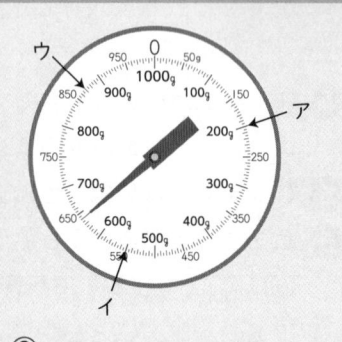

② ① 1 kg 700 g　②

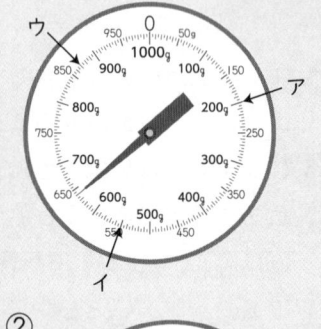

③ ① 1030 g　② 3 kg 600 g
　③ 2050 kg

④ 1 kg 800 g、1800 g
⑤ ① 1 m　② 1 km　③ 1000
　④ 10　⑤ 1 mL　⑥ 1 L

① 0と50gの間が10こに分けられているから、
　いちばん小さい1めもりは5gです。
① 650gよりいちばん小さいめもり2つ分軽
　い640gです。

② ① 0と200gの真ん中にあるめもりは100g
　で、0と100gの間が10こに分けられてい
　るから、いちばん小さい1めもりは10gです。
　1 kg 500 gと100gのめもり2つ分だから、
　1 kg 700 gです。

③ 1 kg=1000 g、1 t=1000 kg です。
　①　kg　　　g　　②　kg　　　g
　　 | 1 | 0 | 3 | 0 |　　| 3 | 6 | 0 | 0 |
　③　t　　　kg
　　 | 2 | 0 | 5 | 0 |

④ かばんの　　　　荷物の重さ
　　 重さ
　　　　　　全体の重さ

　500 g+1 kg 300 g=1 kg 800 g

ぴったり3 たしかめのテスト 　76〜77 ページ

　　　　　　　　　　　　　　　　　　　　　　　てびき

① ① 1 kg　② 5 g　③ 780 g
　④

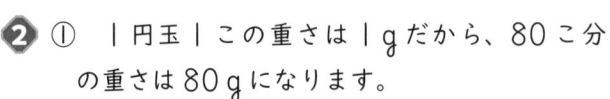

① ① はかることができるのは1000gまでです。
　② 0と50gの間が10こに分けられています。
　③ 750gといちばん小さいめもり6こ分です。

2 ① 1 kg 400 g（1400 g）
②

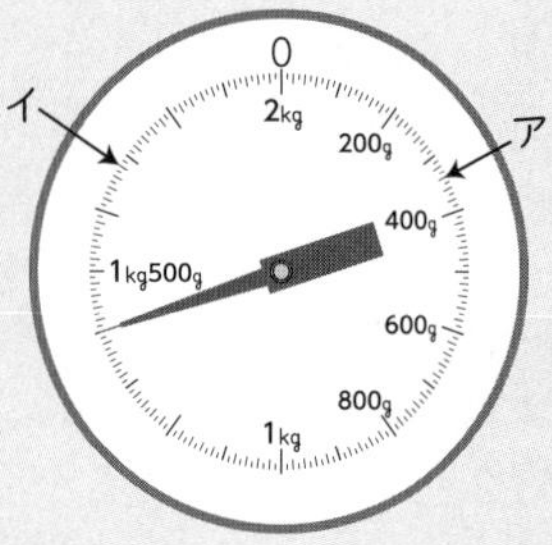

3 ① 1900 g ② 2 kg 60 g
③ 3070 kg

4 2 kg 10 g、1200 g、1 kg 50 g、980 g

5 ① kg ② g ③ t ④ g
6 ① m ② g ③ 1000
7 式 500 g＋900 g＝1400 g
　　　　　　　　　　　答え　1 kg 400 g

8 式 32 kg 700 g－28 kg 400 g
　　　　＝4 kg 300 g　　　答え　4 kg 300 g

2 ① 1 kg と 100 g が 4 つ分です。

4 1 kg 50 g＝1050 g、
　　2 kg 10 g＝2010 g です。

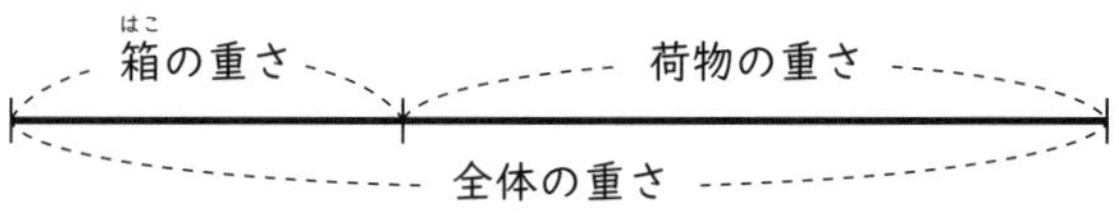

7

8

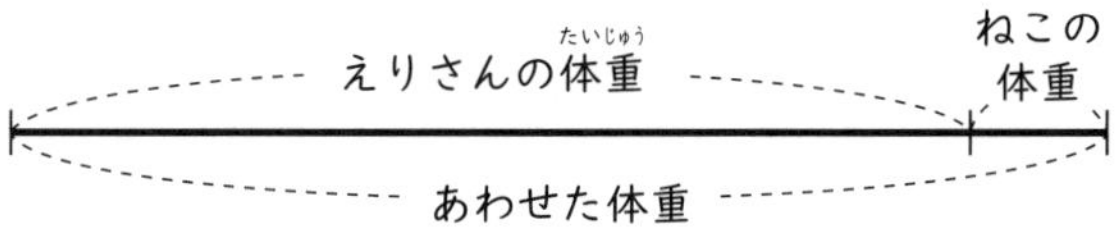

⑮ 分数

1 ① $\frac{1}{8}$ ② 5 ③ $\frac{5}{8}$
2 ① 3 ② 2 ③ 7 ④ 5

1 ① $\frac{4}{5}$ m ② $\frac{2}{6}$ m
　　③ $\frac{3}{8}$ m ④ $\frac{7}{10}$ m

2 ①

　　②

3 ① $\frac{3}{5}$ L ② $\frac{4}{7}$ L

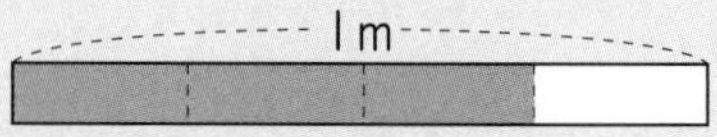

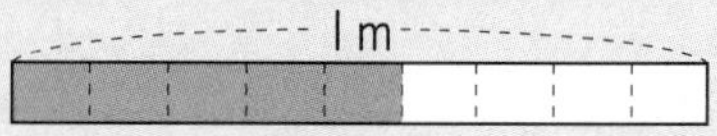

4 ① 9、4 ② $\frac{3}{8}$

1 ① 1 m を 5 等分した 4 こ分の長さです。
　　② 1 m を 6 等分した 2 こ分の長さです。
　　③ 1 m を 8 等分した 3 こ分の長さです。
　　④ 1 m を 10 等分した 7 こ分の長さです。

2 ① $\frac{1}{4}$ m の 3 こ分の長さをぬります。
　　② $\frac{1}{9}$ m の 5 こ分の長さをぬります。

3 ① 1 L を 5 等分した 3 こ分のかさです。
　　② 1 L を 7 等分した 4 こ分のかさです。

4 $\frac{▲}{●}$ の ● を分母、▲ を分子といいます。

1 ① 4 　② $\frac{1}{4}$ 　③ $\frac{3}{4}$ 　④ $\frac{4}{4}$ 　⑤ $\frac{5}{4}$ 　⑥ $\frac{7}{4}$ 　⑦ $\frac{8}{4}$

2 10、6、8、<

1 ① 6等分

② ア $\frac{5}{6}$ m 　イ $\frac{7}{6}$ m 　ウ $\frac{8}{6}$ m

　　 エ $\frac{11}{6}$ m

③ (分数) $\frac{12}{6}$ m 　(整数) 2 m

④ $\frac{11}{6}$ m が $\frac{3}{6}$ m 長い。

2 ① $\frac{5}{4}$ m 　② $\frac{3}{5}$ m

3 ① > 　② = 　③ <

1 ② 0から1の間を6等分しているから、1めもりは $\frac{1}{6}$ m です。ア～エのめもりが表す長さは、$\frac{1}{6}$ m が何こ分かを考えます。

③

④ $\frac{8}{6}$ m は $\frac{1}{6}$ m が8こ分、$\frac{11}{6}$ m は $\frac{1}{6}$ m が11こ分だから、$\frac{11}{6}$ m のほうが $\frac{1}{6}$ m が3こ分長いです。

2 0から1の間を何等分しているかを考えます。
　① 1mを4等分した5こ分の長さです。
　② 1mを5等分した3こ分の長さです。

3 $\frac{1}{10}$ と0.1は等しい大きさです。分数は $\frac{1}{10}$ が何こ分か、小数は0.1が何こ分かを考えて、大きさをくらべます。

1 (1) $\frac{4}{5}$ 　(2) $\frac{7}{7}$、1

2 (1) $\frac{3}{10}$ 　(2) $\frac{8}{8}$、$\frac{3}{8}$

1 ① $\frac{3}{7}$ 　② $\frac{7}{8}$ 　③ $\frac{4}{6}$

④ $\frac{2}{3}$ 　⑤ $\frac{4}{4}$(1) 　⑥ $\frac{5}{5}$(1)

1 分数のたし算は、もとになる分数の何こ分かで計算します。

① $\frac{1}{7}$ をもとにして、$\frac{1}{7}$ の何こ分かで考えます。

⑤ $\frac{1}{4}$ をもとにして、$\frac{1}{4}$ の何こ分かで考えます。

　計算した答えは分母＝分子だから、1と同じ大きさなので、1と答えてもいいです。

2 ① $\dfrac{2}{6}$　② $\dfrac{1}{5}$　③ $\dfrac{4}{8}$

　　④ $\dfrac{1}{7}$　⑤ $\dfrac{2}{3}$　⑥ $\dfrac{3}{10}$

3 式　$\dfrac{6}{10}+\dfrac{1}{10}=\dfrac{7}{10}$　　　答え　$\dfrac{7}{10}$ L

4 式　$1-\dfrac{2}{9}=\dfrac{7}{9}$　　　答え　$\dfrac{7}{9}$ L

2 分数のひき算も、たし算と同じように、もとになる分数の何こ分かで計算します。

　① $\dfrac{1}{6}$ の何こ分かで考えます。

　⑤ $\dfrac{1}{3}$ の何こ分かで考えます。

　　| は $\dfrac{3}{3}$ と考えて計算します。

　⑥ | は $\dfrac{10}{10}$ と考えて計算します。

3 $\dfrac{1}{10}$ の何こ分かで考えます。

4 $\dfrac{1}{9}$ の何こ分かで考えます。

　　| L は $\dfrac{9}{9}$ L と考えて計算します。

ぴったり3　たしかめのテスト　　84〜85 ページ　　てびき

1 ① $\dfrac{2}{7}$ m　② $\dfrac{4}{9}$ m　③ $\dfrac{5}{6}$ L

　　④ $\dfrac{7}{10}$ L

2 ① $\dfrac{3}{4}$　② 6　③ $\dfrac{3}{8}$　④ 9

3 ㋐ $\dfrac{7}{10}$　㋑ $\dfrac{13}{10}$　㋒ 0.8

1 ① | m を 7 等分した 2 こ分の長さです。
　③ | L を 6 等分した 5 こ分のかさです。

2 ① $\dfrac{1}{4}$ m は | m を 4 等分した | こ分の長さです。

　　それが 3 こ分で $\dfrac{3}{4}$ m になります。

　② $\dfrac{1}{6}$ m は | m を 6 等分した | こ分の長さだから、$\dfrac{1}{6}$ m が 6 こ分で | m になります。

　③ $\dfrac{7}{8}$ m は $\dfrac{1}{8}$ m が 7 こ分、$\dfrac{4}{8}$ m は $\dfrac{1}{8}$ m が 4 こ分だから、$\dfrac{7}{8}$ m のほうが $\dfrac{1}{8}$ m の 3 こ分長いです。

　④
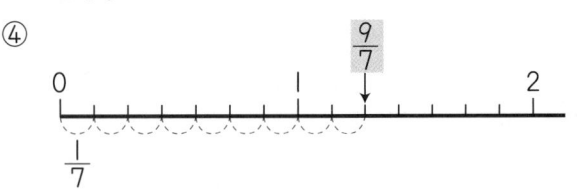

3 0 と | の間を 10 等分しているから、| めもりは、分数で表すと $\dfrac{1}{10}$、小数で表すと 0.1 です。

　㋐ $\dfrac{1}{10}$ の 7 こ分です。

　㋑ $\dfrac{1}{10}$ の 13 こ分です。

　㋒ 0.1 の 8 こ分です。

④ ① ＞　　② ＝　　③ ＜

⑤ ① $\frac{2}{5}$　② $\frac{5}{7}$　③ $\frac{6}{10}$　④ $\frac{9}{9}$(1)

　　⑤ $\frac{1}{4}$　⑥ $\frac{2}{6}$　⑦ $\frac{3}{9}$　⑧ $\frac{2}{7}$

⑥ ⑦ 100　　① 0.1　　⑦ $\frac{1}{8}$

⑦ 式 $\frac{4}{6}+\frac{1}{6}=\frac{5}{6}$　　　答え $\frac{5}{6}$ L

⑧ 式 $\frac{7}{8}-\frac{2}{8}=\frac{5}{8}$　　　答え $\frac{5}{8}$ m

④ ① $\frac{7}{6}$ は $\frac{1}{6}$ が7こ分、1は $\frac{1}{6}$ の6こ分です。

　② $\frac{1}{10}$ と0.1は等しい大きさです。$\frac{4}{10}$ は $\frac{1}{10}$ が4こ分、0.4は0.1が4こ分だから、$\frac{4}{10}$ と0.4は等しい大きさです。

　③ $\frac{5}{10}$ は $\frac{1}{10}$ が5こ分、0.6は0.1が6こ分だから、$\frac{5}{10}$ は0.6より小さいです。

⑤ 分数のたし算やひき算は、もとになる分数の何こ分かで考えます。

⑦ $\frac{1}{6}$ の何こ分かで考えます。

⑧ $\frac{1}{8}$ の何こ分かで考えます。

⑯ □を使った式

ぴったり1 じゅんび　　86ページ

1 ① 25　② 32　③ 32　④ 25　⑤ 7

2 (1) 14、26　(2) □、30

ぴったり2 練習　　87ページ

てびき

1 式 $36+□=54$

答え 18

1 わからないのは、もらった数です。

はじめにあった数＋もらった数＝全部の数

　┈┈ はじめの36まい ┈┈　　もらった □まい
　━━━━━━━━━━━━━━━━━━━━━━
　┈┈┈┈ 全部で54まい ┈┈┈┈

□にあてはまる数のもとめ方は、図を見て、

$54-36=□$

$□=18$

もとめ方はほかにもあります。

2 式 $□-15=17$

答え 32

2 わからないのは、はじめにいた人数です。

はじめにいた人数－帰った人数＝のこった人数

　┈┈┈ はじめにいた □人 ┈┈┈
　━━━━━━━━━━━━━━━━━━━━━━
　┈ 帰った15人 ┈　　┈ のこった17人 ┈

□にあてはまる数のもとめ方は、図を見て、

$15+17=□$

$□=32$

もとめ方はほかにもあります。

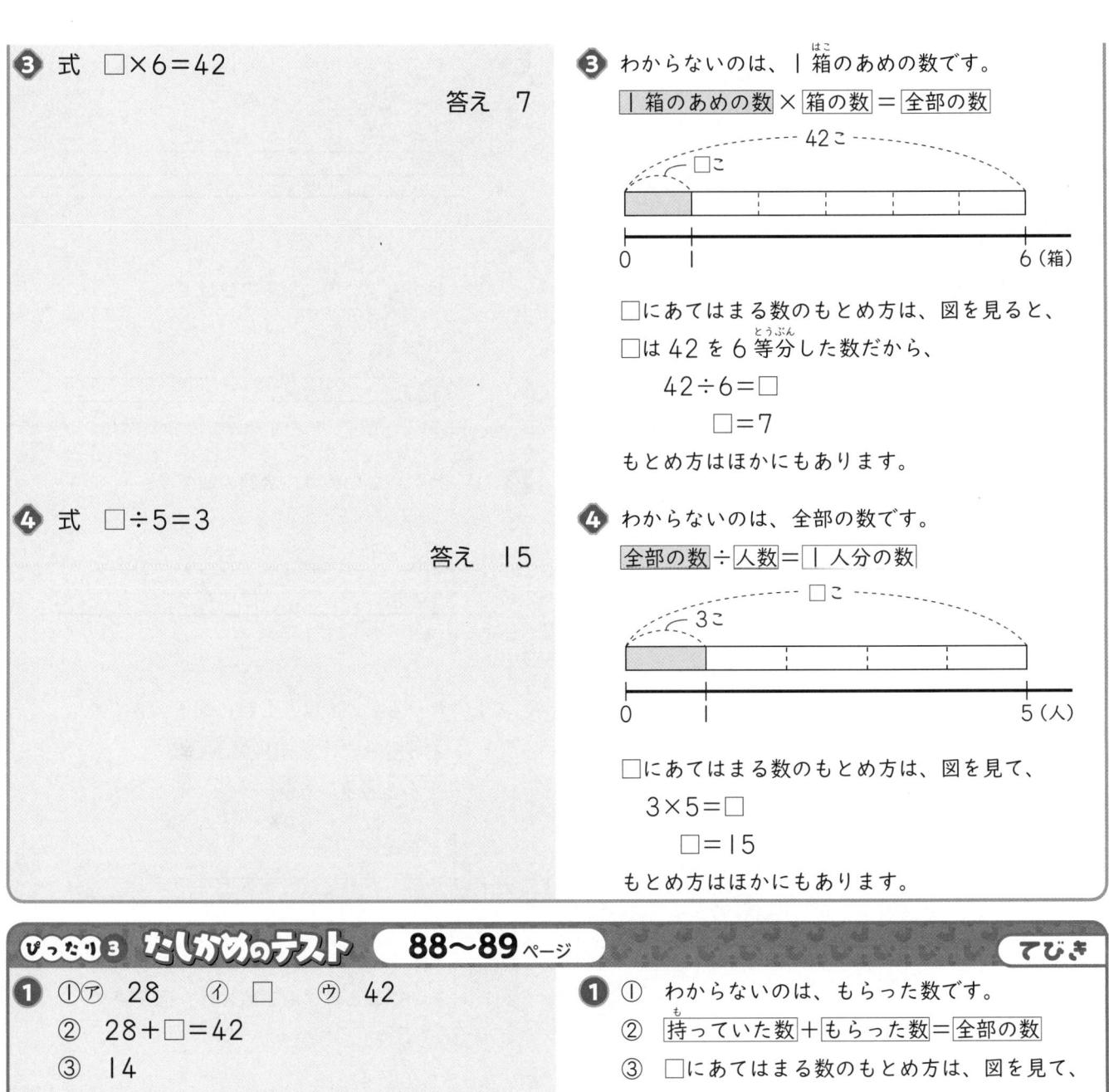

❸ 式 □×6＝42

答え　7

❹ 式 □÷5＝3

答え　15

❸ わからないのは、1箱のあめの数です。

1箱のあめの数 × 箱の数 ＝ 全部の数

42こ
□こ

0　　1　　　　　　　　　6（箱）

□にあてはまる数のもとめ方は、図を見ると、
□は 42 を 6 等分した数だから、

42÷6＝□

□＝7

もとめ方はほかにもあります。

❹ わからないのは、全部の数です。

全部の数 ÷ 人数 ＝ 1人分の数

□こ
3こ

0　　1　　　　　　　　　5（人）

□にあてはまる数のもとめ方は、図を見て、

3×5＝□

□＝15

もとめ方はほかにもあります。

ぴったり3 たしかめのテスト　88〜89ページ　　　　　てびき

❶ ①⑦ 28　　① □　　⑦ 42
　　② 28＋□＝42
　　③ 14

❶ ① わからないのは、もらった数です。
　　② 持っていた数 ＋ もらった数 ＝ 全部の数
　　③ □にあてはまる数のもとめ方は、図を見て、

42−28＝□

□＝14

もとめ方はほかにもあります。

❷ ①⑦ □　　① 8　　⑦ 17
　　② □−8＝17
　　③ 25

❷ ① わからないのは、持っていた数です。
　　② 持っていた数 − あげた数 ＝ のこりの数
　　③ □にあてはまる数のもとめ方は、図を見て、

8＋17＝□

□＝25

もとめ方はほかにもあります。

❸ ① 式　□×8＝48

答え　6

② 式　4×□＝28

答え　7

❹ ① 式　□÷7＝8

答え　56

② 式　30÷□＝5

答え　6

❺ 式　35＋17＋□＝76

答え　24

❸ ① わからないのは、１人に配るえん筆の数です。

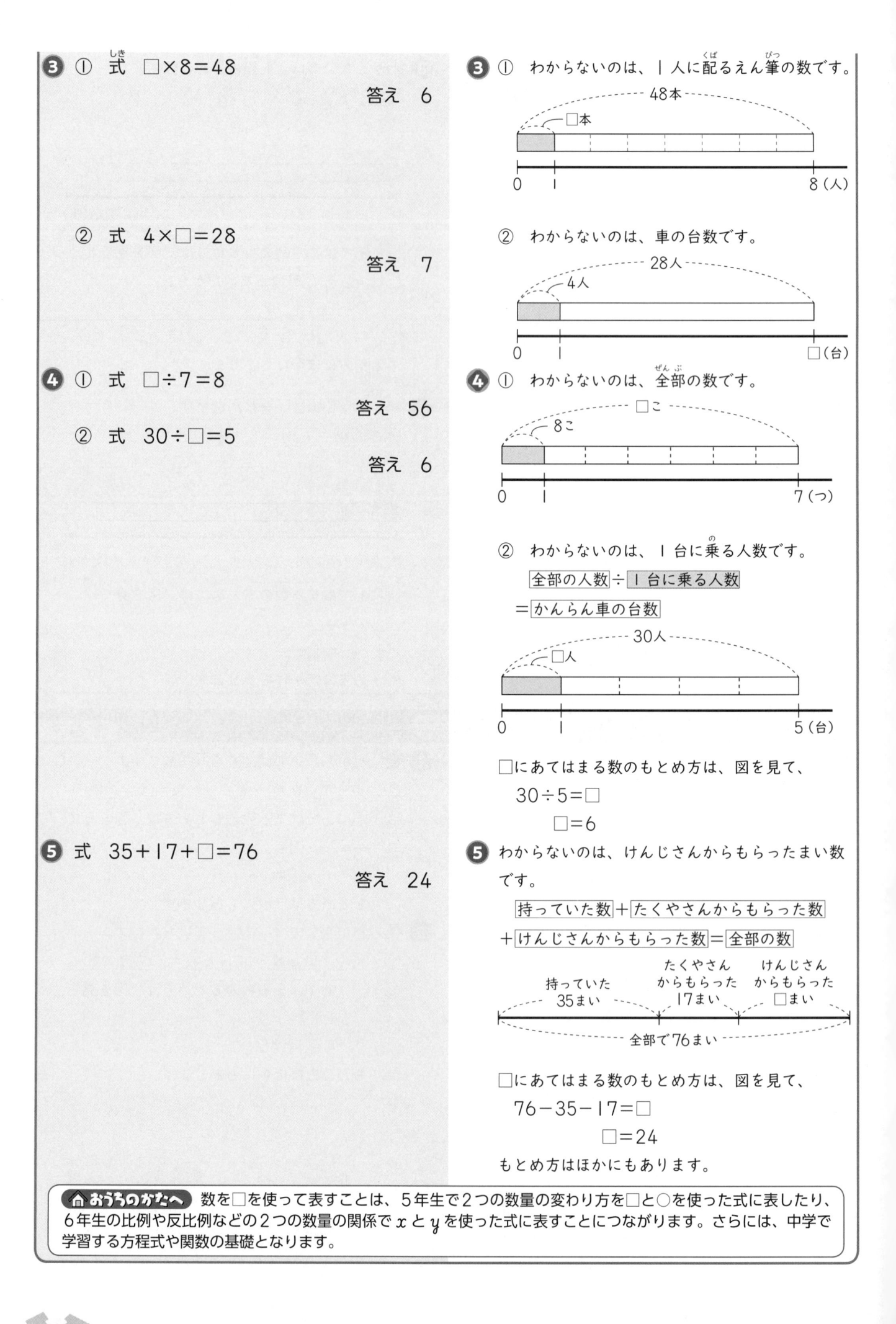

48本

□本

0　1　　　　　　　　8（人）

② わからないのは、車の台数です。

28人

4人

0　1　　　　　　　　□（台）

❹ ① わからないのは、全部の数です。

□こ

8こ

0　1　　　　　　　　7（つ）

② わからないのは、１台に乗る人数です。

全部の人数 ÷ １台に乗る人数

＝ かんらん車の台数

30人

□人

0　1　　　　　　　　5（台）

□にあてはまる数のもとめ方は、図を見て、

30÷5＝□

□＝6

❺ わからないのは、けんじさんからもらったまい数
です。

持っていた数 ＋ たくやさんからもらった数

＋ けんじさんからもらった数 ＝ 全部の数

持っていた　　たくやさん　　けんじさん
35まい　　からもらった　からもらった
　　　　　　17まい　　　□まい

全部で76まい

□にあてはまる数のもとめ方は、図を見て、

76－35－17＝□

□＝24

もとめ方はほかにもあります。

🏠 おうちのかたへ　数を□を使って表すことは、5年生で2つの数量の変わり方を□と○を使った式に表したり、
6年生の比例や反比例などの2つの数量の関係で x と y を使った式に表すことにつながります。さらには、中学で
学習する方程式や関数の基礎となります。

17 かけ算の筆算(2)

ぴったり1 じゅんび 90ページ

1 2、64、640

2 536、134、1876

3 (1) 162　(2) 148

ぴったり2 練習 91ページ　　　　　**てびき**

1 ① 540　② 490　③ 400
　 ④ 930　⑤ 2400　⑥ 2000

1 かける数が10倍になると、答えも10倍になります。

　① 6×9 ＝54
　　10倍↓　　↓10倍
　　6×90＝540

　③ 8×5 ＝40
　　10倍↓　　↓10倍
　　8×50＝400

　⑤ 30×8 ＝240
　　10倍↓　　↓10倍
　　30×80＝2400

　⑥ 40×5 ＝200
　　10倍↓　　↓10倍
　　40×50＝2000

2
```
①    21      ②    18      ③    43
    ×23          ×28          ×86
　   63          144          258
　   42           36          344
    483          504         3698
```
```
④    37      ⑤    94      ⑥    75
    ×52          ×67          ×24
　   74          658          300
    185          564          150
   1924         6298         1800
```

2 かける数の十の位の計算の答えを書くときに、左に1けたずらして書くのをわすれないようにしましょう。

```
①    21          ①    21
    ×23          ×23
　   63           63
　 (420)           42
```
21×20＝420　　　　0は書かなくてよい。

⌂ おうちのかたへ はじめに、かけられる数とかける数をそれぞれ何十とみて計算して、答えの見当をつけてから筆算をするとよいでしょう。

3
```
①    62      ②    48      ③    85
    ×40          ×70          × 5
   2480         3360          425
```

3 ①・② 何十をかける計算は、一の位に0を書いたら、つづけて十の位の計算をすればよいです。

　③ 1けた×2けたの計算は、2けた×1けたになおして計算するとかんたんになります。

1 (1) 1126、2252、23646 (2) 3672、1224、15912
2 (1)① 40 ② 80 ③ 3 ④ 6 ⑤ 86 (2)⑥ 6 ⑦ 100 ⑧ 6 ⑨ 600

てびき

1

①
$$
\begin{array}{r}
134 \\
\times\ 32 \\
\hline
268 \\
402 \\
\hline
4288
\end{array}
$$

②
$$
\begin{array}{r}
236 \\
\times\ 54 \\
\hline
944 \\
1180 \\
\hline
12744
\end{array}
$$

③
$$
\begin{array}{r}
426 \\
\times\ 28 \\
\hline
3408 \\
852 \\
\hline
11928
\end{array}
$$

④
$$
\begin{array}{r}
528 \\
\times\ 67 \\
\hline
3696 \\
3168 \\
\hline
35376
\end{array}
$$

⑤
$$
\begin{array}{r}
348 \\
\times\ 73 \\
\hline
1044 \\
2436 \\
\hline
25404
\end{array}
$$

⑥
$$
\begin{array}{r}
674 \\
\times\ 45 \\
\hline
3370 \\
2696 \\
\hline
30330
\end{array}
$$

⑦
$$
\begin{array}{r}
403 \\
\times\ 39 \\
\hline
3627 \\
1209 \\
\hline
15717
\end{array}
$$

⑧
$$
\begin{array}{r}
609 \\
\times\ 70 \\
\hline
42630
\end{array}
$$

⑨
$$
\begin{array}{r}
704 \\
\times\ 50 \\
\hline
35200
\end{array}
$$

2 ① 82 ② 159 ③ 460
④ 480 ⑤ 480 ⑥ 900

3 ① 400 ② 700 ③ 800

---

1 かける数の十の位の計算の答えを書くときに、左に1けたずらして書くのをわすれないようにしましょう。

①
$$
\begin{array}{r}
134 \\
\times\ 32 \\
\hline
268 \\
\boxed{402}
\end{array}
$$
　　　　①
$$
\begin{array}{r}
134 \\
\times\ 32 \\
\hline
268 \\
402
\end{array}
$$　（×）

134×30＝4020　　0は書かなくてよい。

⑦ かけられる数の十の位が0のとき、次のようなまちがいに注意しましょう。

$$
\begin{array}{r}
403 \\
\times\ 39 \\
\hline
387 \\
129 \\
\hline
1677
\end{array}
$$
387←0×9をわすれている。
129←0×3をわすれている。

2 ① 41×2　　● 40×2＝80
40　1　　② 1×2＝ 2
あわせて 82

② 53×3　　● 50×3＝150
50　3　　② 3×3＝ 9
あわせて 159

③ 230×2は23×2のかけられる数が10倍になっているから、答えも23×2の10倍。

④ 120×4は12×4のかけられる数が10倍になっているから、答えも12×4の10倍。

⑤ 24×20は24×2のかける数が10倍になっているから、答えも24×2の10倍。

⑥ 15×60は15×6のかける数が10倍になっているから、答えも15×6の10倍。

3 ① 25×16＝25×4×4
4×4　　＝100×4
＝400

② 25×28＝25×4×7
4×7　　＝100×7
＝700

③ 32×25＝8×4×25
8×4　　＝8×100
＝800

⏱ **しあげの5分レッスン** かけられる数が大きくなっても、筆算のしかたは同じです。まちがえたところを見つけて、もう1回やり直そう。

1 ① 3、960

② ⑦ 2　　④ 840　　⑦ 42

　　⑨ 882

2 ①
```
    67
  ×32
  ───
   134
   201
  ────
  2144
```
②
```
    42
  ×24
  ───
   168
    84
  ────
  1008
```
③
```
    75
  ×56
  ───
   450
   375
  ────
  4200
```

④
```
   314
  × 43
  ────
   942
  1256
  ─────
  13502
```
⑤
```
   537
  × 85
  ────
  2685
  4296
  ─────
  45645
```
⑥
```
   406
  × 70
  ─────
  28420
```

3 ① 4080　　② 900

4 ① まちがい(れい)　27×6 の計算をすると
　　　きに、左に 1 けたずらして書く
　　　のをわすれている。
　　正しい答え　1701
② まちがい(れい)　702×4 の計算をする
　　　ときに、0×4=0 の 0 を書きわ
　　　すれている。
　　正しい答え　33696

5 式　6×40=240　　　　答え　240 人

6 式　125×38=4750
　　　　　　　　　　　答え　4750 まい

7 式　62×16=992
　　　1000−992=8　　　答え　8 円

---

1 ① かける数が 10 倍になると、答えも 10 倍に
　　なります。
② 42 を 40 と 2 に分けて計算します。

2 かける数の十の位の計算の答えを書くときに、左
に 1 けたずらして書くのをわすれないようにし
ましょう。

3 ①
```
    68
  ×60
  ────
  4080
```
何十をかける計算は、一の位
に 0 を書いたら、つづけて十の
位の計算をすればよいです。

② 36×25＝9×4×25
　　　　　＝9×100
　　　　　＝900

4 正しくは
①
```
    27
  ×63
  ───
    81
  (162)
  ────
  1701
```
②
```
    702
  × 48
  ────
  5616
  (2808)
  ─────
  33696
```

5 1 このいすにすわる人数×いすの数
＝全部の人数

6 1 たばのまい数×たばの数
＝全部のまい数

7 1 m のねだん×買う長さ＝代金
出したお金−代金＝おつり

> **おうちのかたへ** 整数のかけ算の筆算をもとに、
> 4 年生では「小数×整数」、5 年生では「小数×小数」
> の筆算を学習します。ここで、しっかりかけ算の筆算
> のしかたを理解させましょう。

倍の計算

ぴったり1 じゅんび 96ページ

1 3、75、75
2 28、7、4、4
3 32、4、8、8

ぴったり2 練習 97ページ　　　　　　　　　　　　　てびき

❶ 式　18×3＝54　　　　答え　54回

① 今　日 □回 ／ きのう 18回
3倍の大きさをもとめるから、かけ算になります。

❷ 式　164×4＝656　　　答え　656円

② 絵　本 □円 ／ ノート 164円
4倍の大きさをもとめるから、かけ算になります。

❸ 式　24÷8＝3　　　　答え　3倍

③ しおり 24回 ／ 妹 8回
8を何倍すると24になるかを考えます。
8×□＝24だから、□＝24÷8になります。

❹ 式　15÷3＝5　　　　答え　5倍

④ けんた 15こ ／ 弟 3こ
3を何倍すると15になるかを考えます。
3×□＝15だから、□＝15÷3になります。

❺ 式　□×6＝54　　　　答え　9才

⑤ おじさん 54才 ／ ひろと □才
0　1　　　　　6倍
□×6＝54
　□＝54÷6
　　＝9

🏠 **おうちのかたへ** まず、もとにする大きさを読み取らせましょう。「◯◯の◯倍」の「の」がポイントで、◯◯がもとにする大きさになります。次の式をつくり、問題を解決させましょう。
もとにする大きさ×倍＝くらべるものの大きさ

ぴったり3 たしかめのテスト 98〜99ページ　　　　　てびき

❶ ① 青い　② 赤い　③ □
　④ 12

❷ エ

❶ 赤いタイルのまい数の4倍
　もとにする大きさ

❷ たての長さの何倍かをもとめるから、
　もとにする大きさ
　□倍とすると、5×□＝10　□＝10÷5

❸ ㋒

❸ オレンジのこ数は、
りんごのこ数の5倍で、30こ
もとにする大きさ

❹ 式　16×3=48　　　　　　答え　48cm

❹ 白いテープの長さの3倍
もとにする大きさ

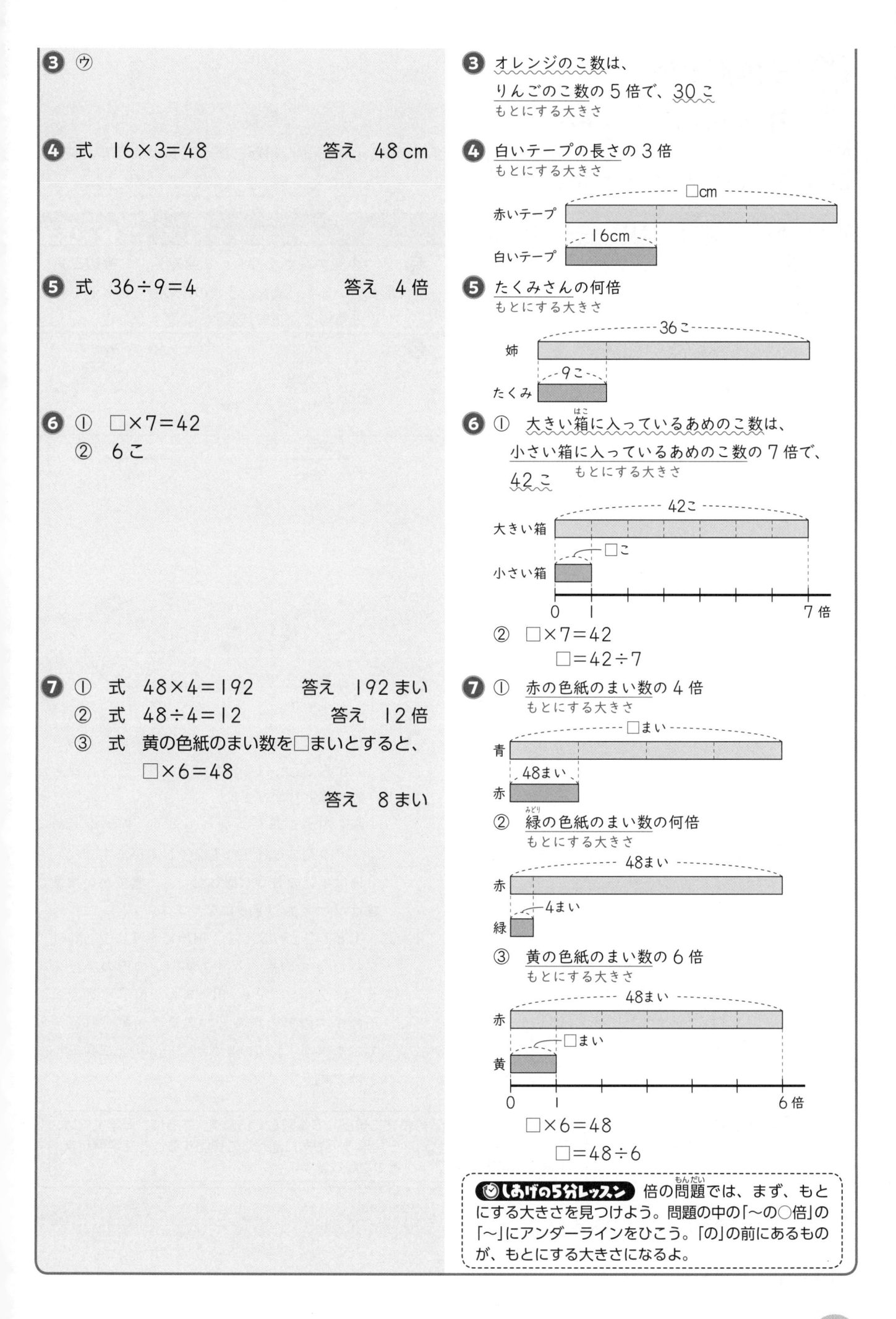

赤いテープ　□cm
白いテープ　16cm

❺ 式　36÷9=4　　　　　　答え　4倍

❺ たくみさんの何倍
もとにする大きさ

姉　36こ
たくみ　9こ

❻ ①　□×7=42
　　②　6こ

❻ ①　大きい箱に入っているあめのこ数は、
小さい箱に入っているあめのこ数の7倍で、
42こ
もとにする大きさ

大きい箱　42こ
小さい箱　□こ
0　1　7倍

②　□×7=42
　　□=42÷7

❼ ①　式　48×4=192　　　答え　192まい
　　②　式　48÷4=12　　　　答え　12倍
　　③　式　黄の色紙のまい数を□まいとすると、
　　　　　　□×6=48
　　　　　　　　　　　　　答え　8まい

❼ ①　赤の色紙のまい数の4倍
もとにする大きさ

青　□まい
赤　48まい

②　緑の色紙のまい数の何倍
もとにする大きさ

赤　48まい
緑　4まい

③　黄の色紙のまい数の6倍
もとにする大きさ

赤　48まい
黄　□まい
0　1　6倍

□×6=48
□=48÷6

🕐しあげの5分レッスン　倍の問題では、まず、もと
にする大きさを見つけよう。問題の中の「～の○倍」の
「～」にアンダーラインをひこう。「の」の前にあるもの
が、もとにする大きさになるよ。

18 三角形と角

ぴったり1 じゅんび 100ページ

1 ① ⓘ ② ⓤ ③ ⓐ ④ ⓔ （①と②、③と④ はじゅん番がちがってもよいです。）

2 4、3、3、イウ（ウイでもよいです。）

ぴったり2 練習 101ページ

てびき

1 二等辺三角形 ⓐ、ⓚ、ⓜ

正三角形 ⓘ、ⓜ、ⓞ

1 2つの辺の長さが等しい三角形を、二等辺三角形といいます。また、3つの辺の長さがどれも等しい三角形を、正三角形といいます。

2 ①

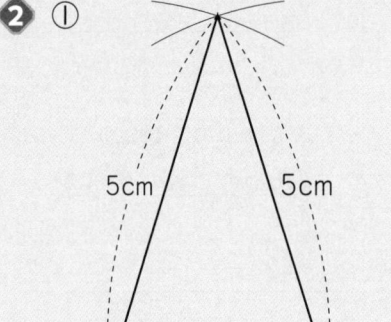

5cm　5cm

3cm

②

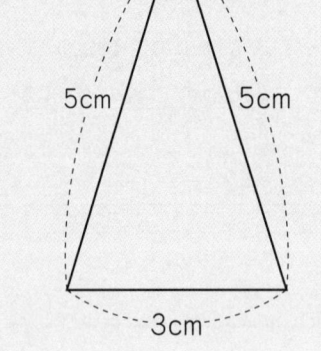

4cm　4cm

4cm

2 ①

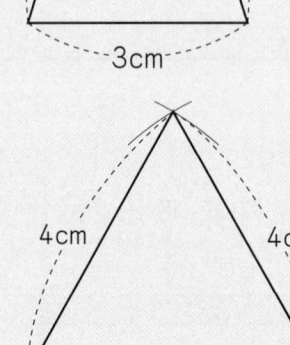

5cm

3cm

→

5cm

3cm

②

4cm

4cm

→

4cm

4cm

3 （れい）

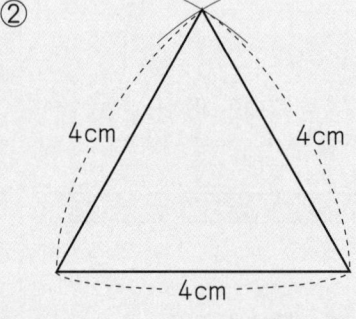

3cm

2cm

2cm

ア

2cm

2cm

2cm

2cm

②

3 ① ❶ 円のまわりに、1つの点を決め、その点から3cmはなれた点をとり、2つの点を直線でむすびます。

❷ 円のまわりの2つの点と、円の中心のアの点をそれぞれ直線でむすびます。

円は半径の長さが同じだから、❷でかいた直線は2つとも2cmになります。

② ①と同じようにして、円のまわりに2cmはなれた2つの点をとります。この円の半径の長さは2cmだから、円のまわりの2つの点と、円の中心のアの点の3つの点をそれぞれ直線でむすべば、1辺の長さが2cmの正三角形がかけます。

🏠**おうちのかたへ** ここでは、二等辺三角形や正三角形の辺の長さに着目して作図しています。さらに、4年生では、平行四辺形やひし形の性質を使って作図し、5年生では、合同な三角形の辺や角に着目して作図することを学習します。作図の学習は中学1年へ、二等辺三角形の学習は中学2年へとつながります。

ぴったり1 じゅんび 102ページ

1 ⓘ、ⓘ

2 二等辺、ⓘ、正、ⓔ

1 ① ⑤、⑰
  ② いちばん小さい角 ⑧
    いちばん大きい角 ⑤、⑰
  ③ ⑥と⑪
2 ⑤、⑥、⑪、⑥、⑧
3 ① 名前　二等辺三角形
    大きさの等しい角 ⑥と⑤
  ② 名前　正三角形
    大きさの等しい角 ⑥と⑧と⑰

1・2 角の大きさは、辺の長さにかんけいなく、辺の開きぐあいだけで決まります。

3 ① 2つの辺の長さが等しい三角形を、二等辺三角形といいます。二等辺三角形では、2つの角の大きさが等しくなっています。
  ② 3つの辺の長さがどれも等しい三角形を、正三角形といいます。正三角形では、3つの角の大きさがすべて等しくなっています。

1 二等辺三角形 ⑪、⑥　正三角形 ⑥、⑰

2 ①

4cm　　4cm
6cm

  ②

5cm　　5cm
5cm

3 辺の長さにかんけいなく、角をつくっている辺の開きぐあいが大きいじゅんにならべます。

4
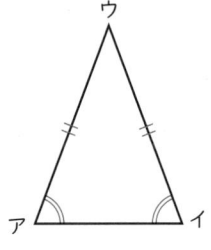

✌──┼┼──などのしるしは、辺の長さが等しいことを、などのしるしは、角の大きさが等しいことを表しているよ。

3 ⑤、⑥、⑧、⑪、⑥

4 ① 7cm　② ⑥と⑪

5 ① 6cm　② 3つ

6 ① 右の図　(れい)
  ② 9つ

ア
ウ　　　イ

5 ① アイの辺とアウの辺は円の半径だから6cmです。正三角形だから、イウの辺の長さも6cmになります。
  ② 正三角形では、3つの角の大きさがすべて等しくなっています。

6 ① 右の三角形のうち、どれか1つがかけていればよいです。
  ② 右の図の・が全部ウの点になります。

ア
イ

7 ① 二等辺三角形　② 6cm

7 ①
ア
5cm
イ　3cm　ウ
広げる →
ア
5cm　5cm
ウ　3cm　イ　3cm　ウ

  ② イウの長さは正三角形の辺の長さの半分だから、正三角形の1辺の長さは6cmです。

そろばん

1 ①(ア) 5　(イ) 30　(ウ) 700
　　(エ) 735
　② 572　③ 805

2 ① 117　② 39　③ 84
　④ 103　⑤ 109

3 ① 14　② 11　③ 72
　④ 37　⑤ 34

4 ① 0.9　② 3.3　③ 8万
　④ 2万

🏠 おうちのかたへ 4年生でも、けた数を増やして小数や大きい数のたし算とひき算を学習します。基本的な操作のしかたを理解させましょう。

1 定位点のあるけたを一の位とします。

2 まず、たされる数を入れて、大きい位の数から計算していきます。

3 まず、ひかれる数を入れて、大きい位の数から計算していきます。

4 小数や、大きい整数でも、まず、たされる数やひかれる数を入れて、大きい位の数から計算していきます。
①・② 一の位とした定位点のあるけたの右どなりが小数第一位です。
③・④ 一の位とした定位点のあるけたから左に4つめが一万の位です。

考える力をのばそう

1 ① 少ない　② 5　③ 5
　④ 75　⑤ 75

2 ①(ア) 4つ
　　(イ) 式 18×4=72
　　　　　　　　　答え 72m
　② 式 18×9=162
　　　　　　　　　答え 162m

3 ① 同じ　② 8　③ 8
　④ 40　⑤ 40

4 ① 6つ
　② 式 4×6=24
　　　　　　　　　答え 24m

1 図を見ると、木と木の間の数は5つで、木の数は6本だから、木と木の間の数は、6−5=1で、木の数より1少ないことがわかります。
しょうたさんが走る長さは、木と木の間の長さ15mの5つ分です。

2 ①(ア) 木はまっすぐならんでいるから、木と木の間の数は、木の数より1少なくなります。
(イ) みきさんが走る長さは、間の長さ18mの4つ分です。
② 木と木の間の数は、10−1=9で、9つになります。

3 図を見ると、くいとくいの間の数は8つで、くいの数は8本だから、くいとくいの間の数とくいの数が同じことがわかります。
池のまわり1しゅう分の長さは、くいとくいの間の長さ5mの8つ分です。

4 ① 花だんはまるい形をしているから、くいとくいの間の数と、くいの数は同じになります。
② 花だんのまわり1しゅうの長さは、くいとくいの間の長さ4mの6つ分です。

 # 3年のふくしゅう

まとめのテスト 　110 ページ

てびき

❶ ① 160000　② 274000

❶ ① いちばん小さい1めもりは10000を表しています。

② いちばん小さいめもりが10こで10000になっているから、いちばん小さい1めもりは1000を表しています。

❷ ① 834　② 306
③ 37　④ 497

❷ ①、②はくり上がりが2回あります。くり上がりをわすれないように注意しましょう。

③、④はくり下がりに注意しましょう。

❸ ① 512　② 1407
③ 1372　④ 14326

❸
③
```
    28
  ×49
   252
  112
  1372
```
④
```
    247
  × 58
  1976
  1235
  14326
```

❹ ① 4　② 6
③ 7あまり2　④ 8あまり4
⑤ 42　⑥ 23

❹ ① 28÷7の答えは、7のだんの九九で見つけられます。

② 48÷8の答えは、8のだんの九九で見つけられます。

③・④　わり算のあまりは、わる数より小さくなるようにします。

⑤ 84を80と4に分けて考えます。

⑥ 69を60と9に分けて考えます。

❺ 式　60÷8＝7あまり4

答え　8まい

❺ 7まいだと、まだ4こあまっているから、全部のあめを入れるには、もう1まいいります。
7＋1＝8

❻ 式　36÷9＝4

答え　4倍

❻ 9を何倍すると36になるかを考えます。
9×□＝36だから、□＝36÷9になります。

❼ ① 9.2　② 7.6
③ 0.6　④ 2.7
⑤ $\frac{5}{8}$　⑥ $\frac{9}{9}$(1)
⑦ $\frac{2}{7}$　⑧ $\frac{5}{6}$

❼
①
```
  2.7
 +6.5
  9.2
```
②
```
  3.6
 +4
  7.6
```
← 4.0 と考えて計算します。

③
```
  1.4
 -0.8
  0.6
```
④
```
  5
 -2.3
  2.7
```
← 5.0 と考えて計算します。

⑤ $\frac{1}{8}$ の何こ分かで考えます。

⑥ $\frac{1}{9}$ の何こ分かで考えます。$\frac{9}{9}$＝1だから、1と答えてもいいです。

⑦ $\frac{1}{7}$ の何こ分かで考えます。

⑧ 1は $\frac{6}{6}$ と考えて計算します。

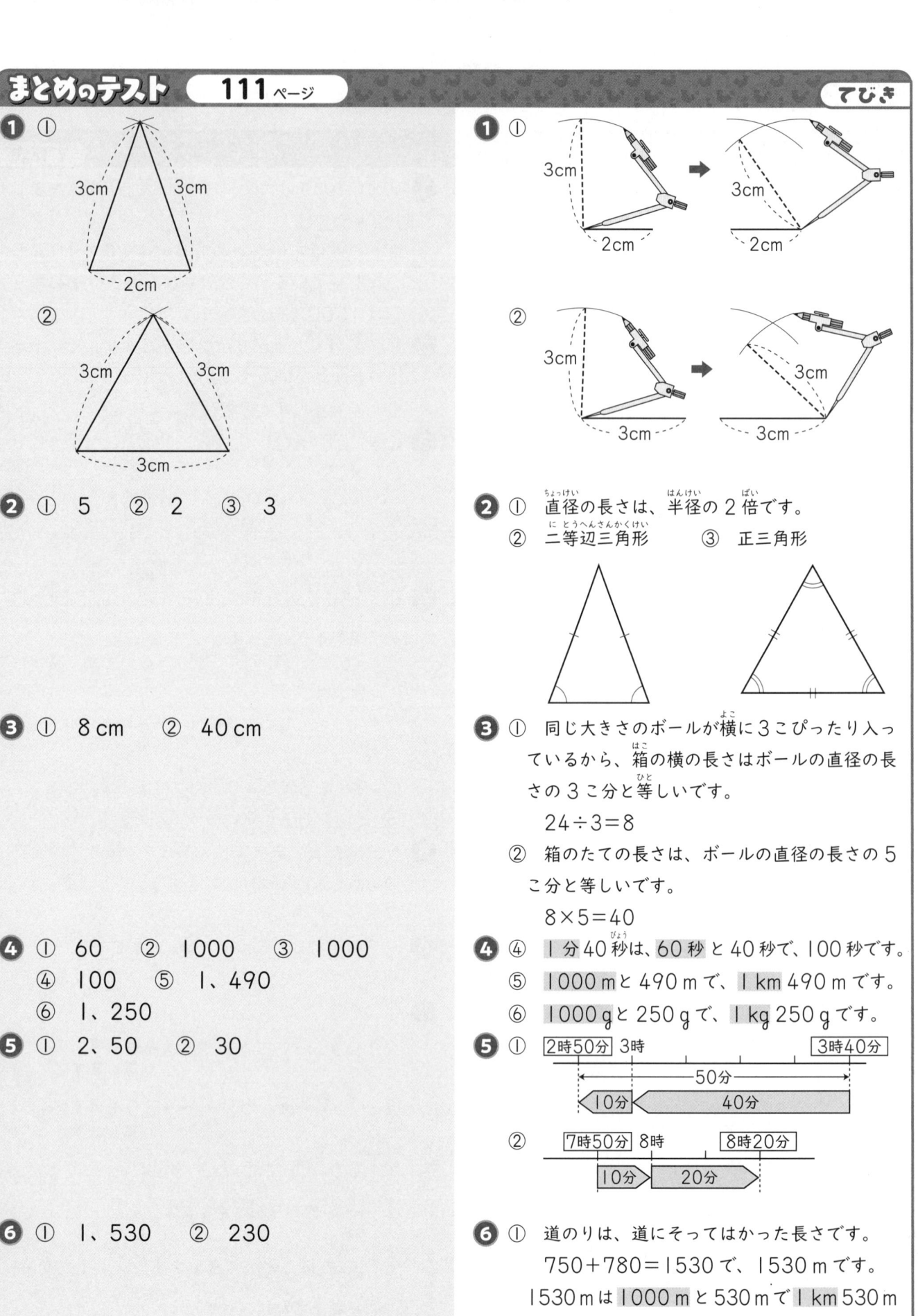

❶ ①

3cm　3cm

2cm

②

3cm　3cm

3cm

❷ ①　5　②　2　③　3

❸ ①　8 cm　②　40 cm

❹ ①　60　②　1000　③　1000
④　100　⑤　1、490
⑥　1、250

❺ ①　2、50　②　30

❻ ①　1、530　②　230

❶ ①

3cm

2cm

→

3cm

2cm

②

3cm

3cm

→

3cm

3cm

❷ ①　直径の長さは、半径の 2 倍です。
②　二等辺三角形　　③　正三角形

❸ ①　同じ大きさのボールが横に 3 こぴったり入っているから、箱の横の長さはボールの直径の長さの 3 こ分と等しいです。
24÷3＝8
②　箱のたての長さは、ボールの直径の長さの 5 こ分と等しいです。
8×5＝40

❹ ④　1 分 40 秒は、60 秒 と 40 秒で、100 秒です。
⑤　1000 m と 490 m で、1 km 490 m です。
⑥　1000 g と 250 g で、1 kg 250 g です。

❺ ①　2時50分　3時　　　　　　　　3時40分
　　　　　　　　　　　50分
　　　10分　　　40分

②　7時50分　8時　　8時20分
　　10分　　20分

❻ ①　道のりは、道にそってはかった長さです。
750＋780＝1530 で、1530 m です。
1530 m は 1000 m と 530 m で 1 km 530 m です。
②　きょりは、まっすぐにはかった長さだから、1 km 300 m です。1 km 300 m は 1000 m と 300 m で 1300 m だから、
1530－1300＝230 で、230 m です。

❶
しゅるい	人数（人）
切りきず	11
すりきず	9
ねんざ	3
打ぼく	2
合計	25

❷

ほけん室に来た人数

0　　　　5　　　10 (人)

1組	
2組	
3組	
4組	

❸ 100台

❹ ①⑦　28　　①　24　　⑦　90
　② 物語

❶ 「正」の字は、次の人数を表しています。
　一……1人
　T……2人
　下……3人
　正……4人
　正……5人

❷ ❶　たてのじくに組を書きます。
　❷　いちばん多い数が表せるように、横のじくの
　　1めもりの数を決めます。いちばん多い数は8
　　で、横のじくは全部で10めもりだから、1め
　　もりの数は1にします。
　❸　めもりの数を書きます。
　　　いちばん左は0、1めもりの数は1だから、
　　いちばん右は10、真ん中は5になります。
　❹　数に合わせて、ぼうをかきます。
　　　1組は6めもり分、2組は2めもり分、3
　　組は8めもり分、4組は5めもり分のぼうを
　　かきます。
　❺　表題を書きます。

❸ たてのじくは、0と20の間が2つに分けられ
　ているから、グラフの1めもりは、10台を表し
　ています。
　　　50＋20＋10＋20＝100

❹ ①⑦　9＋6＋13＝28
　　①　10＋9＋4＋1＝24
　　⑦　24＋34＋32＝90
　　　　（38＋28＋13＋11＝90）
　②　表の横にたした合計（いちばん右のらん）を見
　　ると、上からじゅんに38、28、13です。い
　　ちばん多い数は38だから、物語だとわかりま
　　す。

⌂おうちのかたへ　グラフをかくときも、グラフをよむときも、まず、1めもりの表す数を確かめることが大切です。
また、4年生でも2つの数量を1つにまとめた表を学習します。表の縦と横を正しく見て、交わったところの数が何
を表しているのか分かるようにさせましょう。

1 ① 3　② 7　③ 3　④ 9

1 ①　かけられる数とかける数を入れかえて計算しても、答えは同じになります。

②　かける数が1ふえると、答えはかけられる数だけ大きくなります。

③　8のだんの九九を考えます。

④　□×4＝4×□だから、4のだんの九九で考えます。

2 ① 0　② 0
　　③ 3　④ 3
　　⑤ 0　⑥ 7

2 ①・②　どんな数に0をかけても、答えはいつも0になります。

③　18÷6の答えは、6のだんの九九で見つけられます。

④　27÷9の答えは、9のだんの九九で見つけられます。

⑤　0を、0でないどんな数でわっても、答えはいつも0になります。

⑥　わる数が1のとき、答えはわられる数と同じになります。

3 ① 979　② 636
　　③ 633　④ 37

3 たし算やひき算の筆算は、数が大きくなっても、位をそろえて、一の位からじゅんに計算します。くり上がりやくり下がりに注意しましょう。

$$
\begin{array}{r}
437 \\
+542 \\
\hline
979
\end{array}
\qquad
\begin{array}{r}
247 \\
+389 \\
\hline
636
\end{array}
$$

$$
\begin{array}{r}
852 \\
-219 \\
\hline
633
\end{array}
\qquad
\begin{array}{r}
402 \\
-365 \\
\hline
37
\end{array}
$$

4 ① 60　② 秒

4 ①　秒は1分より短い時間のたんいで、1分＝60秒です。

②　50m走の世界記ろくは5秒台です。小学3年生だと、だいたい10秒ぐらいかかります。

5 ① 右の図
② 右の図

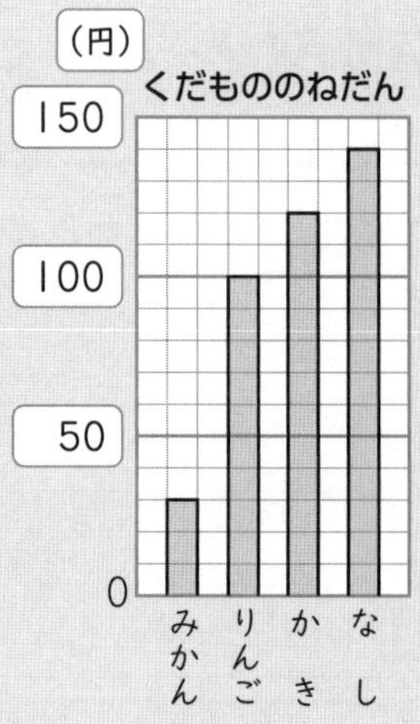

6 ①⑦　5　　④　12　　⑦　7　　⑤　36
② 1組

7 ①　⑥　　②　⑤

8 式　345−69＝276

答え　276人

9 50分

10 310 m

5 ①　グラフのたてのじくのめもりは全部で15あ
ります。いちばん多い数は140だから、1め
もりを10にします。
　　たてのじくは、ねだんを表しているので、た
んいは「円」になります。
②　たてのじくの1めもりは10だから、みか
んは3めもり分、りんごは10めもり分、か
きは12めもり分、なしは14めもり分のぼう
をかきます。

6 ①　表をたてか横に見ていきます。
②　表をたてにたした合計を見ると、左からじゅ
んに13、12、11です。いちばん多い数は
13だから、読んだ本の数がいちばん多い組は
1組です。

7 長いものやまるいものの長さをはかるときは、ま
きじゃくがべんりです。

8 土曜日に図書館に来た人の数を□として式に表
すと、□＋69＝345になります。
345−69＝276　　　　　345
　　　　　　　　　　　　−　69
　　　　　　　　　　　　　276

9

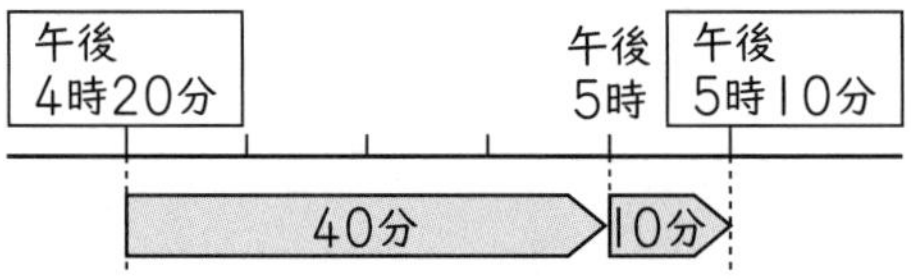

午後5時まで40分、午後5時から10分です。

10 まっすぐにはかった長さをきょり、道にそっては
かった長さを道のりといいます。
道のり…230＋300＝530で、
　　　　　530 m です。
きょり…220 m です。
だから、道のりときょりのちがいは、
530−220＝310で、310 m です。

1
① 7あまり6　② 3あまり1
③ 5あまり6　④ 6あまり6
⑤ 7あまり2

2
① 3　② 143006
③ 50900000　④ 498000

3 10倍…740　　100倍…7400

4 ① 5　② 82

5 ① 0.6　② 小数第一位　③ 76こ

6
① 94　② 534　③ 868
④ 5215　⑤ 630　⑥ 5360

---

1 わり算のあまりは、わる数より小さくなるようにします。

2 ①

千	百	十	一万	千	百	十	一
1	3	8	6	4	5	0	2

② 十万の位が1、一万の位が4、千の位が3、百の位と十の位はないから0、一の位は6です。

③

千	百	十	一万	千	百	十	一
5	0	9	0	0	0	0	0

④

十万の位	一万の位	千の位	百の位	十の位	一の位
4	9	8	0	0	0

3 数を10倍すると、位が1けたずつ上がり、もとの数の右に0を1こつけた数になります。

千	百	十	一
		7	4
	7	4	0
7	4	0	0

100倍　10倍　10倍

4 一の位の数が0の数を10でわると、位が1つずつ下がり、もとの数の一の位の0をとった数になります。

①

十	一
5	0
	5

10でわる

②

百	十	一
8	2	0
	8	2

10でわる

5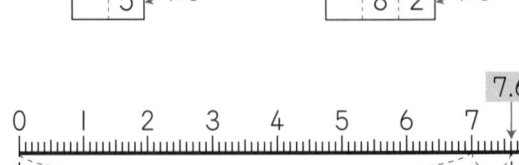

7.6
0 1 2 3 4 5 6 7 8
7
0.6
0.1が76こ

6 ⑤、⑥は、くふうして計算します。
⑤ 70×(3×3)＝70×9＝630
⑥ 536×(2×5)＝536×10＝5360

7 ① 24　② 13　③ 2.1
④ 3　⑤ 0.5　⑥ 0.4

7 ① 48　　　40÷2=20
40⌢8　　　8÷2= 4
　　　　　あわせて 24

③〜⑥ は、筆算を書くときは位をそろえて書きます。答えの小数点をうつのをわすれないようにしましょう。

③　 0.7　④　 0.8
　+1.4　　+2.2
　 2.1　　 3.0

⑤　 5.2　⑥　 3.4　　　一の位の0を書く
　−4.7　　−3　　　　のをわすれないよ
　 0.5　　 0.4　　　うにしましょう。

8 ① 4600　② 7、90
③ 2000

8 1kg は 1000g です。
また、1t は 1000kg です。

① | | kg | | | g |
|---|---|---|---|---|
| 4 | 6 | 0 | 0 |

② | | kg | | | g |
|---|---|---|---|---|
| 7 | 0 | 9 | 0 |

③ | | t | | kg |
|---|---|---|---|
| 2 | 0 | 0 | 0 |

9 ① 中心　② 半径　③ 直径　④ 円
⑤ 2　⑥ 中心　⑦ 球

9 1つの点から長さが等しくなるようにかいたまるい形を円といいます。
円の真ん中の点を円の中心、中心から円のまわりまでひいた直線を半径といいます。
1つの円では、半径はみんな同じ長さです。
中心を通るように円のまわりからまわりまでひいた直線を直径といい、直径の長さは、半径の2倍です。

10 式 50÷6=8あまり2

　　　　　　　　　　　答え　9箱

10 8箱だと、たまごが2このこっているから、たまごを全部箱に入れることはできません。全部のたまごを箱に入れるには、あと1箱いります。
8+1=9

11 式 44÷7=6あまり2

　　　　　　　　　　　答え　6つ

11 7まい入りのふくろは6つできて、クッキーが2まいのこります。のこりのクッキーでは、7まい入りのふくろをもう1つ作ることはできません。

12 8cm

12 同じ大きさの円が2こぴったり入っているから、長方形の横の長さは円の直径2こ分と等しいです。
32÷2=16　　　16÷2=8
　　円の直径　　　　　円の半径

13 ① ⑤　② ⑥

13 ⑤は4kgまで、⑥は1kg(1000g)まで、⑦は100kgまではかれます。
② 算数の教科書の重さは250gぐらいです。だから、⑥を使います。

45

てびき

1 ① $\dfrac{5}{6}$　② $\dfrac{4}{7}$　③ $\dfrac{4}{5}$

2 ① $\dfrac{5}{7}$　② $\dfrac{9}{9}$(1)　③ $\dfrac{3}{5}$　④ $\dfrac{2}{6}$

3 ① 276　② 3354　③ 6045
　④ 17696　⑤ 17390
　⑥ 20120

4 207.4

5 ① 二等辺三角形　② 正三角形　③ 角

6 ① あ、い　② あ、い、う

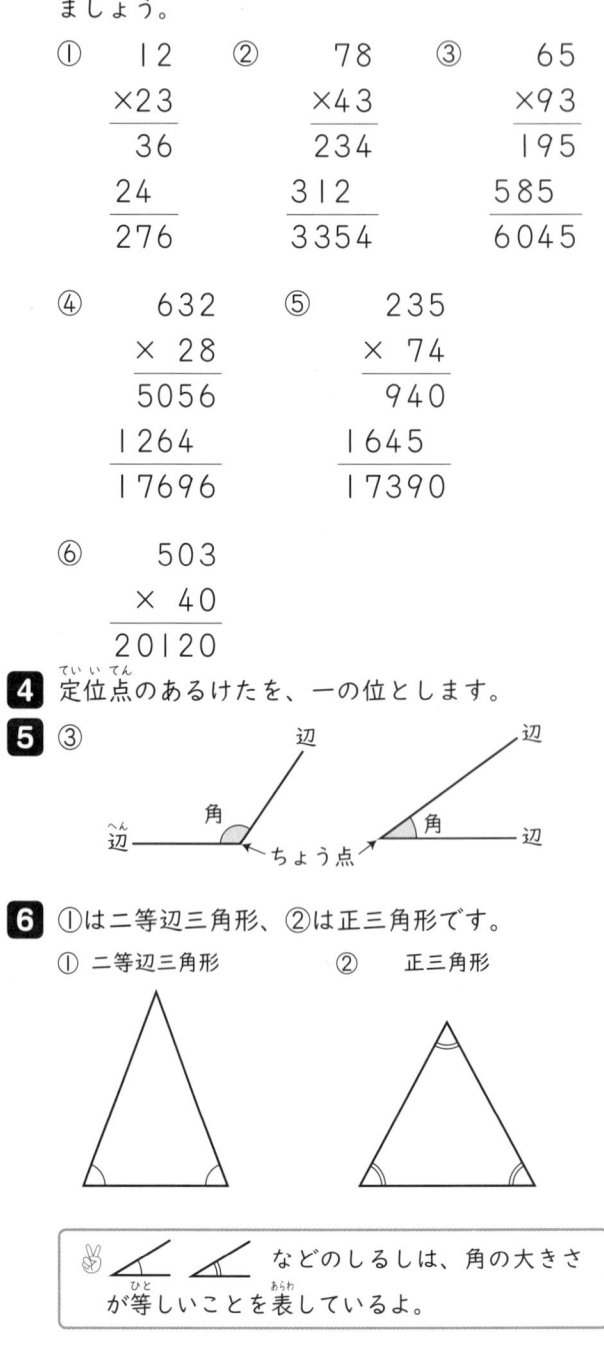

1 ③ $\dfrac{1}{5}$ の何こ分かで考えます。$\dfrac{2}{5}$ は $\dfrac{1}{5}$ が 2こ分、$\dfrac{4}{5}$ は $\dfrac{1}{5}$ が 4こ分です。

2 分数のたし算やひき算は、もとになる分数の何こ分かで計算します。

3 かける数の十の位の計算の答えを書くときに、左に 1けたずらして書くのをわすれないようにしましょう。

```
  ①    12      ②    78      ③    65
      ×23          ×43          ×93
      ───          ───          ───
       36          234          195
       24          312          585
      ───          ────         ────
      276          3354         6045

  ④   632      ⑤   235
     × 28          × 74
     ────          ────
     5056           940
     1264          1645
     ─────         ─────
     17696         17390

  ⑥   503
     × 40
     ─────
     20120
```

4 定位点のあるけたを、一の位とします。

5 ③
辺　角　辺　ちょう点　辺　角　辺

6 ①は二等辺三角形、②は正三角形です。
　① 二等辺三角形　　② 正三角形

✌ などのしるしは、角の大きさが等しいことを表しているよ。

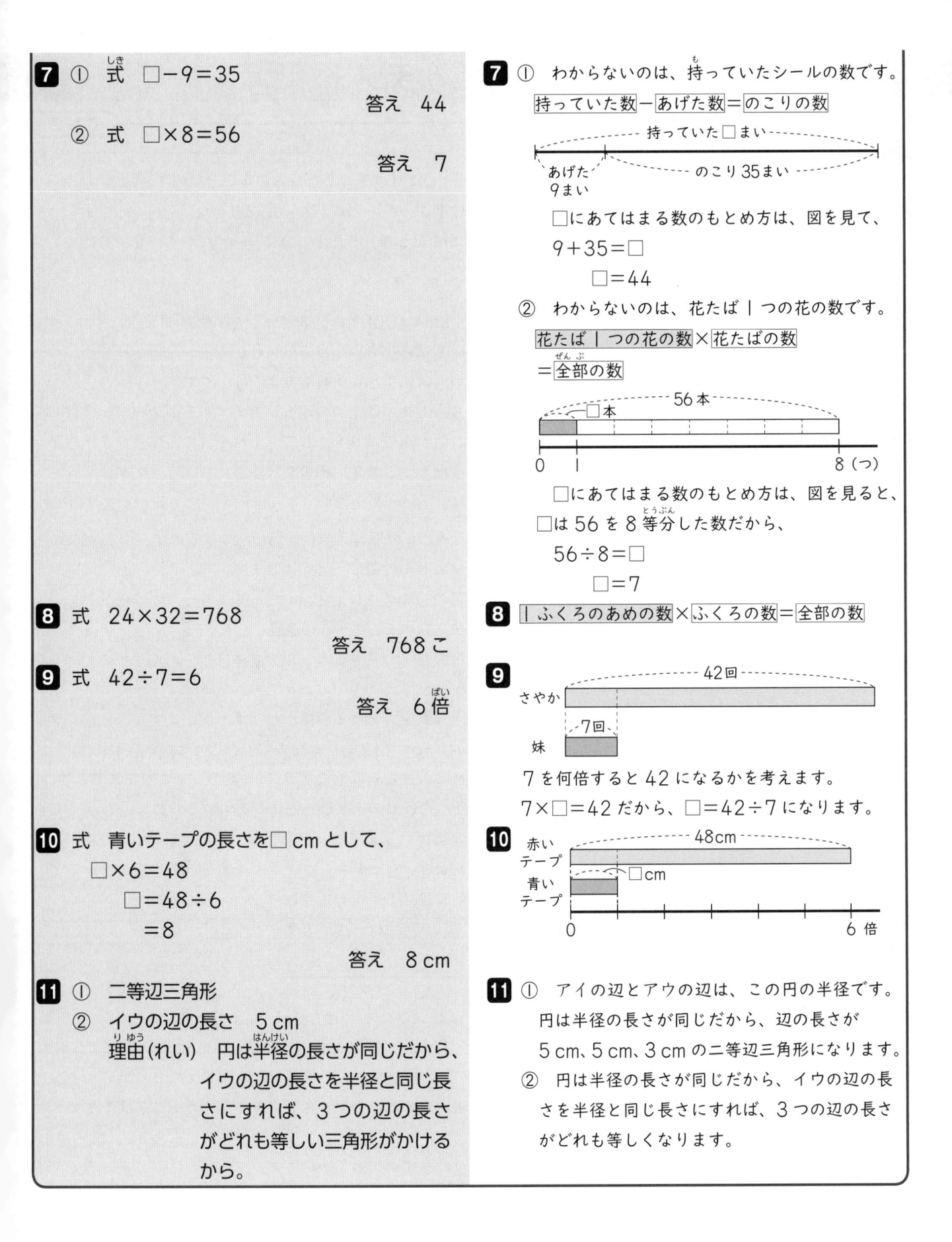

7 ① 式　□−9＝35

答え　44

② 式　□×8＝56

答え　7

8 式　24×32＝768

答え　768こ

9 式　42÷7＝6

答え　6倍

10 式　青いテープの長さを□cm として、
　　　□×6＝48
　　　　□＝48÷6
　　　　　＝8

答え　8cm

11 ① 二等辺三角形
② イウの辺の長さ　5cm
　理由(れい)　円は半径の長さが同じだから、
　イウの辺の長さを半径と同じ長
　さにすれば、3つの辺の長さ
　がどれも等しい三角形がかける
　から。

7 ① わからないのは、持っていたシールの数です。

持っていた数 − あげた数 ＝ のこりの数

持っていた□まい
あげた 9まい　　のこり 35まい

　□にあてはまる数のもとめ方は、図を見て、
　　9＋35＝□
　　　　□＝44

② わからないのは、花たば 1つの花の数です。

花たば 1つの花の数 × 花たばの数
＝ 全部の数

56本
□本
0　1　　　　　　　8 (つ)

　□にあてはまる数のもとめ方は、図を見ると、
　□は 56 を 8等分した数だから、
　　56÷8＝□
　　　　□＝7

8 1ふくろのあめの数 × ふくろの数 ＝ 全部の数

9
さやか　　42回
妹　　7回

　7を何倍すると 42 になるかを考えます。
　7×□＝42 だから、□＝42÷7 になります。

10
赤いテープ　　48cm
青いテープ　　□cm
0　　　　　　　　　6倍

11 ① アイの辺とアウの辺は、この円の半径です。
　円は半径の長さが同じだから、辺の長さが
　5cm、5cm、3cm の二等辺三角形になります。
② 円は半径の長さが同じだから、イウの辺の長
　さを半径と同じ長さにすれば、3つの辺の長さ
　がどれも等しくなります。

1 ①99064000 ②35200000

2 ①0 ②60 ③3 ④42 ⑤902
⑥588 ⑦1075 ⑧4875

3 ①0.4 dL ②2.9 cm

4 ①$\frac{2}{5}$ ②$\frac{4}{7}$

5 ①> ②< ③= ④<

6 ①7010 ②60 ③1、27 ④5

7 ①420 ②3、600

8 ①　　　　　　　②

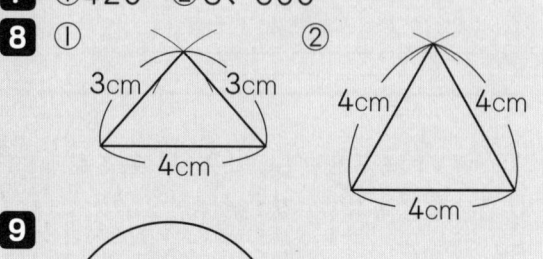

3cm　3cm　　　4cm　4cm
4cm　　　　　　4cm

9

6cm
ア

10 ①6cm ②18 cm

11 ①式　40÷8=5　　　　　答え　5こ
②式　40÷6=6あまり4
(6+1=7)　　　答え　7こ

12 ①38−□=25 ②13

13 ①(円) おかしのねだん　②おかしは、
150　　　　　　　　　　ガム、
100　　　　　　　　　　グミ、
50　　　　　　　　　　クッキー
0　　　　　　　　　　が買えて、
ガグク　　　　合計は290円
ムめミッキー　　　です。

14 ①式　390+700=1090
(1090 m=1 km 90 m)
答え　1 km 90 m
②近いのは、㋐の道
わけ…(れい)㋐の道のりは1370 m、
㋑の道のりは1530 mで、㋐
の道のりのほうが短いから。

3 ①1 dL を 10 等分したうちの 4 こ分なので、
0.1 dL が 4 こ分で 0.4 dL です。

4 ①1 m を 5 等分した 1 こ分は $\frac{1}{5}$ m だから、2 こ分は
$\frac{2}{5}$ m です。

6 ①1 km=1000 m ②③1 分 =60 秒 ④1000 g=1 kg

7 ①いちばん小さい 1 目もりは 5 g です。
②いちばん小さい 1 目もりは 20 g です。

8 どちらもまずは 1 つの辺をかきます。その辺のりょうはし
にコンパスのはりをさして、それぞれの辺の長さを半径と
する円をかきます。円の交わる点がちょう点です。
①は、3 cm の辺をいちばん下にかいても正かいです。

9 直径 6 cm の円は、半径が 3 cm になるので、コンパスの
はりとしんの間は 3 cm にします。

10 ①箱の横の長さは 12 cm で、横はボールの直径 2 こ分の
長さなので、ボールの直径は、12÷2=6 で 6 cm です。
②箱のたての長さはボールの直径 3 こ分の長さなので、
6×3=18 で、18 cm です。

11 ①同じ数ずつ分けるので、わり算を使います。
②40÷6=6 あまり 4 なので、6 こずつ箱に入れると、
6 こ入った箱は 6 こできて、4 このたまごがあまります。
そこで、このあまったたまごを入れるために、もう 1 こ
の箱がいります。だから、6+1=7 で、7 この箱がい
ります。6+1=7 という式ははぶいて、答えを 7 こと
していても正かいです。

12 ①| はじめの数 | − | 食べた数 | = | のこりの数 |
②　　　38こ　　　　　□=38−25
　□こ　　25こ　　　　□=13

13 ①ぼうグラフの 1 目もりは、10 円です。
②3 このねだんをたして、300 円にいちばん近くなるも
のを考えます。ぼうグラフをみて考えたり、いろいろな
組み合わせで合計を考えたり、くふうして答えをもとめ
ます。また、ガム、グミ、クッキーのじゅん番は、入れ
かわっていても正かいです。

14 ①1090m=1 km 90 m という式ははぶいて、答えを
1 km 90 m としていても正かいです。
②㋐の道のりは、420+950=1370(m)、
㋑の道のりは、650+880=1530(m)です。
わけは、「㋐の道のりが 1370 m」「㋑の道のりが 1530 m」
「㋐の道のりのほうが短い」ということが書けていれば正
かいです。もちろん上の計算を書いていても正かいです。

東京書籍版・小学算数3年

計算せんもんドリル

3年

3年　　組

特色と使い方

● このドリルは、計算力を付けるための計算問題をせんもんにあつかったドリルです。

● 教科書ぴったりトレーニングに、このドリルの何ページをすればよいのかが書いてあります。教科書ぴったりトレーニングにあわせてお使いください。

🐾 もくじ 🐾

🏠 おうちのかたへ

・お子さまがお使いの教科書や学校の学習状況により、ドリルのページが前後したり、学習されていない問題が含まれている場合がございます。お子さまの学習状況に応じてお使いください。

・お子さまがお使いの教科書により、教科書ぴったりトレーニングと対応していないページがある場合がございますが、お子さまの興味・関心に応じてお使いください。

1 10 や 0 のかけ算

1 次の計算をしましょう。

月　　日

① 2×10

② 8×10

③ 3×10

④ 6×10

⑤ 1×10

⑥ 10×7

⑦ 10×4

⑧ 10×9

⑨ 10×5

⑩ 10×10

2 次の計算をしましょう。

月　　日

① 3×0

② 5×0

③ 1×0

④ 2×0

⑤ 6×0

⑥ 0×8

⑦ 0×4

⑧ 0×9

⑨ 0×7

⑩ 0×0

2 わり算①

1 次の計算をしましょう。

① $8 \div 2$

② $15 \div 5$

③ $0 \div 4$

④ $40 \div 8$

⑤ $14 \div 7$

⑥ $36 \div 4$

⑦ $48 \div 6$

⑧ $6 \div 1$

⑨ $63 \div 9$

⑩ $24 \div 3$

2 次の計算をしましょう。

① $6 \div 6$

② $36 \div 9$

③ $18 \div 2$

④ $45 \div 5$

⑤ $12 \div 4$

⑥ $63 \div 7$

⑦ $25 \div 5$

⑧ $0 \div 3$

⑨ $64 \div 8$

⑩ $2 \div 1$

3 わり算②

1 次の計算をしましょう。

① $6 \div 2$

② $35 \div 5$

③ $15 \div 3$

④ $42 \div 7$

⑤ $16 \div 8$

⑥ $0 \div 5$

⑦ $8 \div 1$

⑧ $72 \div 9$

⑨ $54 \div 6$

⑩ $16 \div 4$

2 次の計算をしましょう。

① $10 \div 5$

② $36 \div 6$

③ $81 \div 9$

④ $56 \div 8$

⑤ $12 \div 3$

⑥ $1 \div 1$

⑦ $14 \div 2$

⑧ $48 \div 8$

⑨ $56 \div 7$

⑩ $8 \div 4$

4 わり算③

1 次の計算をしましょう。

① 21÷3

② 45÷9

③ 28÷4

④ 72÷8

⑤ 4÷1

⑥ 30÷5

⑦ 49÷7

⑧ 24÷6

⑨ 27÷3

⑩ 16÷2

2 次の計算をしましょう。

① 8÷8

② 20÷4

③ 9÷3

④ 40÷5

⑤ 18÷9

⑥ 4÷2

⑦ 28÷7

⑧ 0÷1

⑨ 42÷6

⑩ 35÷7

5 わり算④

1 次の計算をしましょう。

① $24 \div 4$

② $63 \div 9$

③ $18 \div 6$

④ $5 \div 1$

⑤ $16 \div 8$

⑥ $56 \div 7$

⑦ $20 \div 5$

⑧ $12 \div 3$

⑨ $0 \div 6$

⑩ $18 \div 2$

2 次の計算をしましょう。

① $36 \div 9$

② $32 \div 4$

③ $6 \div 3$

④ $9 \div 1$

⑤ $45 \div 5$

⑥ $81 \div 9$

⑦ $12 \div 2$

⑧ $24 \div 8$

⑨ $48 \div 6$

⑩ $7 \div 7$

6 大きい数のわり算

1 次の計算をしましょう。

月　　日

① 30÷3　　　　② 50÷5

③ 80÷8　　　　④ 60÷6

⑤ 70÷7　　　　⑥ 40÷2

⑦ 60÷2　　　　⑧ 80÷4

⑨ 90÷3　　　　⑩ 60÷3

2 次の計算をしましょう。

月　　日

① 28÷2　　　　② 88÷4

③ 39÷3　　　　④ 26÷2

⑤ 48÷4　　　　⑥ 86÷2

⑦ 42÷2　　　　⑧ 84÷4

⑨ 55÷5　　　　⑩ 69÷3

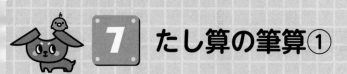

7 たし算の筆算①

★ できた問題には、「た」をかこう!
でき 1 でき 2

1 次の計算をしましょう。

月　日

```
①   815      ②   234      ③   543      ④   271
   +144        +646        +308        +476


⑤   475      ⑥   433      ⑦   597      ⑧   865
   +148        +479        +255        +505


⑨   842      ⑩   996
   +698        +   7
```

2 次の計算を筆算でしましょう。

月　日

① 579+321

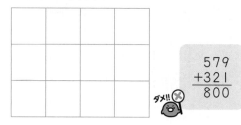

② 365+47

③ 478+965

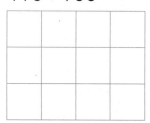

④ 35+978

8 たし算の筆算②

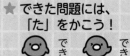

1 次の計算をしましょう。　　　　　　　　　　月　　日

```
①    432      ②    169      ③    508      ④    690
    +254          +828          +406          +154
```

```
⑤    366      ⑥    261      ⑦    646      ⑧    856
    +465          +449          + 75          +707
```

```
⑨    645      ⑩     37
    +689          +988
```

2 次の計算を筆算でしましょう。　　　　　　　月　　日

① 429＋473

② 489＋886

③ 212＋788

④ 942＋69

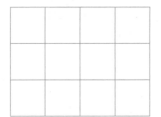

9 たし算の筆算③

1 次の計算をしましょう。　　　　　　　　　　月　　日

① 　143　　② 　163　　③ 　797　　④ 　　92
　+449　　　+808　　　+182　　　+152

⑤ 　185　　⑥ 　294　　⑦ 　357　　⑧ 　874
　+397　　　+478　　　+　46　　　+836

⑨ 　466　　⑩ 　995
　+838　　　+　　9

2 次の計算を筆算でしましょう。　　　　　　月　　日

① 695+6

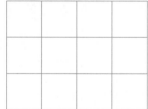

② 897+394

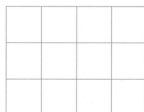

③ 947+89

④ 97+906

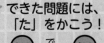
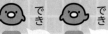
10 たし算の筆算④

1 次の計算をしましょう。

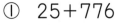 月　　日

① 　378
　+413

② 　405
　+207

③ 　281
　+171

④ 　398
　+451

⑤ 　579
　+238

⑥ 　596
　+118

⑦ 　　19
　+794

⑧ 　886
　+765

⑨ 　879
　+934

⑩ 　986
　+　79

2 次の計算を筆算でしましょう。

月　　日

① 25+776

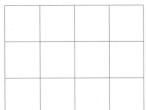

② 579+892

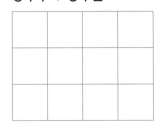

③ 657+545

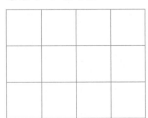

④ 992+9

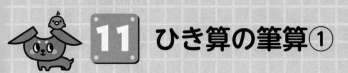

1　次の計算をしましょう。　　月　日

① 487
　−366

② 584
　−335

③ 887
　−239

④ 275
　− 49

⑤ 627
　−436

⑥ 809
　−352

⑦ 356
　−295

⑧ 431
　−187

⑨ 517
　−399

⑩ 521
　−498

2　次の計算を筆算でしましょう。　　月　日

① 440−279

440
−279
261
ダメ!!

② 212−46

③ 708−19

④ 900−414

12 ひき算の筆算②

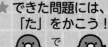

1 次の計算をしましょう。　　　　　　　　　　　　月　　日

①
```
  264
- 134
```

②
```
  854
- 749
```

③
```
  860
- 748
```

④
```
  895
- 836
```

⑤
```
  563
- 391
```

⑥
```
  748
- 178
```

⑦
```
  208
-  52
```

⑧
```
  758
- 169
```

⑨
```
  814
- 467
```

⑩
```
  300
- 196
```

2 次の計算を筆算でしましょう。　　　　　　　　　月　　日

① 331－237

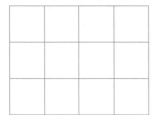

② 803－608

③ 700－5

④ 1000－738

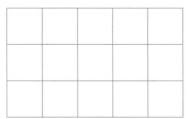

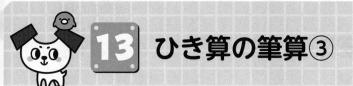

13 ひき算の筆算③

1 次の計算をしましょう。　　　　　　　　　　月　日

① 　633
　 −132

② 　785
　 −129

③ 　571
　 −148

④ 　795
　 − 56

⑤ 　926
　 −495

⑥ 　678
　 −498

⑦ 　805
　 −744

⑧ 　932
　 −777

⑨ 　822
　 −256

⑩ 　800
　 − 86

2 次の計算を筆算でしましょう。　　　　　　月　日

① 895−699

② 502−493

③ 400−8

④ 1000−57

14 ひき算の筆算④

1 次の計算をしましょう。　　　　　　　　　月　　日

① 787
　−415

② 673
　−544

③ 634
　−506

④ 974
　−947

⑤ 928
　−343

⑥ 585
　−395

⑦ 533
　−471

⑧ 912
　−283

⑨ 824
　− 36

⑩ 1000
　− 439

2 次の計算を筆算でしましょう。　　　　　　月　　日

① 920−722

② 806−719

③ 800−711

④ 700−69

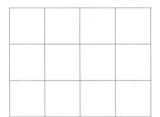

1 次の計算をしましょう。

月　日

①　　5120
　　+3504

②　　5693
　　+　255

③　　1412
　　+4952

④　　　938
　　+7856

⑤　　6579
　　+2228

⑥　　5878
　　+1951

⑦　　5397
　　+　876

⑧　　2939
　　+3967

⑨　　6546
　　+2586

2 次の計算を筆算でしましょう。

月　日

① 1929+5165

② 8357+368

③ 7938+1192

④ 48+4782

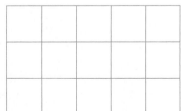

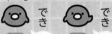

★ できた問題には、「た」をかこう！

でき ① でき ②

1 次の計算をしましょう。　　　　　　　　　月　　　日

① 3744
− 531

② 7769
−7748

③ 8833
−3805

④ 1763
− 839

⑤ 6997
−6399

⑥ 9145
− 153

⑦ 4251
− 963

⑧ 3601
− 808

⑨ 7000
− 833

2 次の計算を筆算でしましょう。　　　　　　月　　　日

① 4037−1635

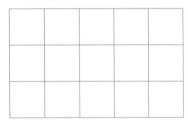

② 8183−3505

③ 5501−2862

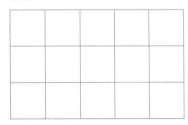

④ 8007−58

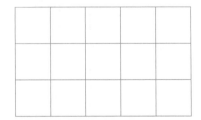

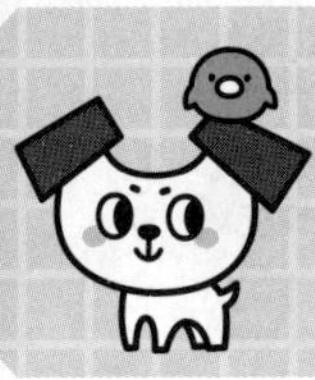

17 たし算の暗算

1 次の計算をしましょう。

月　　日

① 12＋32

② 48＋31

③ 37＋22

④ 54＋34

⑤ 73＋15

⑥ 33＋50

⑦ 12＋68

⑧ 35＋25

⑨ 14＋56

⑩ 33＋27

2 次の計算をしましょう。

月　　日

① 18＋28

② 67＋25

③ 77＋16

④ 59＋26

⑤ 42＋39

⑥ 24＋37

⑦ 68＋19

⑧ 39＋35

⑨ 67＋40

⑩ 44＋82

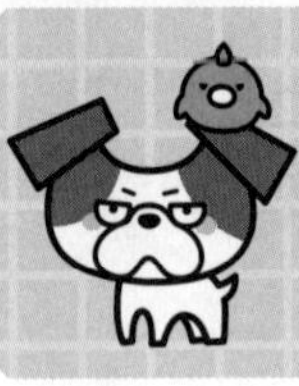

18 ひき算の暗算

1 次の計算をしましょう。

月　　日

① 44−23

② 65−52

③ 38−11

④ 77−56

⑤ 88−44

⑥ 69−30

⑦ 46−26

⑧ 93−43

⑨ 60−24

⑩ 50−25

2 次の計算をしましょう。

月　　日

① 51−13

② 63−26

③ 86−27

④ 72−34

⑤ 31−18

⑥ 56−39

⑦ 75−47

⑧ 96−18

⑨ 100−56

⑩ 100−73

19 あまりのあるわり算①

1 次の計算をしましょう。　　　　　　　月　　日

① 7÷2

② 12÷5

③ 23÷3

④ 46÷8

⑤ 77÷9

⑥ 22÷6

⑦ 40÷7

⑧ 17÷4

⑨ 19÷2

⑩ 35÷6

2 次の計算をしましょう。　　　　　　　月　　日

① 11÷3

② 19÷7

③ 35÷4

④ 49÷5

⑤ 58÷6

⑥ 9÷2

⑦ 23÷5

⑧ 16÷9

⑨ 45÷7

⑩ 71÷8

20 あまりのあるわり算②

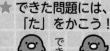
1 次の計算をしましょう。

月　　日

① 14÷8

② 60÷9

③ 28÷3

④ 27÷8

⑤ 11÷2

⑥ 34÷7

⑦ 22÷4

⑧ 20÷3

⑨ 38÷5

⑩ 16÷6

2 次の計算をしましょう。

月　　日

① 84÷9

② 10÷4

③ 63÷8

④ 40÷6

⑤ 31÷4

⑥ 15÷2

⑦ 44÷5

⑧ 26÷6

⑨ 52÷9

⑩ 8÷3

21 あまりのあるわり算③

1 次の計算をしましょう。

月　　日

① 54÷7

② 8÷5

③ 17÷3

④ 24÷9

⑤ 20÷8

⑥ 27÷4

⑦ 13÷2

⑧ 45÷6

⑨ 36÷8

⑩ 25÷7

2 次の計算をしましょう。

月　　日

① 55÷8

② 15÷4

③ 67÷9

④ 25÷3

⑤ 50÷6

⑥ 29÷5

⑦ 60÷7

⑧ 5÷4

⑨ 17÷2

⑩ 18÷5

1 次の計算をしましょう。　　　　月　　日

① 30×2　　　　② 20×4

③ 80×8　　　　④ 70×3

⑤ 20×7　　　　⑥ 60×9

⑦ 90×4　　　　⑧ 40×6

⑨ 50×6　　　　⑩ 70×8

2 次の計算をしましょう。　　　　月　　日

① 100×4　　　　② 300×3

③ 500×9　　　　④ 800×3

⑤ 300×6　　　　⑥ 700×5

⑦ 200×8　　　　⑧ 900×7

⑨ 600×8　　　　⑩ 400×5

23 （2けた）×（1けた）の 筆算①

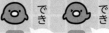

1 次の計算をしましょう。

月　　日

① 12
×　4

② 40
×　2

③ 16
×　6

④ 14
×　7

⑤ 82
×　3

⑥ 91
×　6

⑦ 73
×　8

⑧ 48
×　6

⑨ 14
×　8

⑩ 25
×　4

2 次の計算を筆算でしましょう。

月　　日

① 24×3

② 42×4

③ 33×9

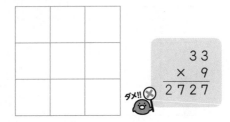

ダメ!!
33
×　9
2727

④ 34×3

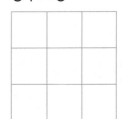

24 （2けた）×（1けた）の 筆算②

★ できた問題には、「た」をかこう!

でき 1 でき 2

1 次の計算をしましょう。

月　　日

① 　１１
　×　７

② 　３０
　×　３

③ 　２４
　×　４

④ 　１７
　×　３

⑤ 　５１
　×　８

⑥ 　４３
　×　３

⑦ 　６４
　×　３

⑧ 　３８
　×　７

⑨ 　１５
　×　７

⑩ 　６９
　×　６

2 次の計算を筆算でしましょう。

月　　日

① 14×6

② 81×7

③ 24×8

④ 85×6

1 次の計算をしましょう。

月　日

① 　24
　×　2

② 　20
　×　4

③ 　15
　×　6

④ 　36
　×　2

⑤ 　72
　×　3

⑥ 　31
　×　5

⑦ 　44
　×　9

⑧ 　97
　×　8

⑨ 　39
　×　3

⑩ 　75
　×　4

2 次の計算を筆算でしましょう。

月　日

① 48×2

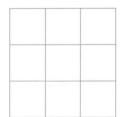

② 20×6

③ 23×8

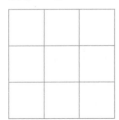

④ 38×9

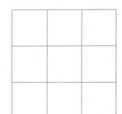

26 （2けた）×（1けた）の 筆算④

1 次の計算をしましょう。

月　　日

① 　41
　×　2

② 　20
　×　3

③ 　15
　×　3

④ 　28
　×　2

⑤ 　83
　×　2

⑥ 　91
　×　5

⑦ 　95
　×　5

⑧ 　47
　×　6

⑨ 　68
　×　3

⑩ 　38
　×　6

2 次の計算を筆算でしましょう。

月　　日

① 29×3

② 54×2

③ 55×9

④ 25×8

27 （3けた）×（1けた）の 筆算①

 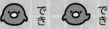

1 次の計算をしましょう。

月　　日

①	②	③	④
143 × 2	233 × 3	742 × 2	612 × 4

⑤	⑥	⑦	⑧
114 × 6	947 × 2	445 × 3	286 × 9

⑨	⑩
304 × 2	490 × 5

2 次の計算を筆算でしましょう。

月　　日

① 312×3

② 525×3

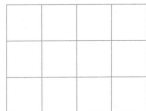

③ 491×6

④ 607×4

1 次の計算をしましょう。

月　　日

① 　　１２１
　　×　　　４

② 　　３２１
　　×　　　３

③ 　　８２３
　　×　　　２

④ 　　５１３
　　×　　　３

⑤ 　　２１８
　　×　　　３

⑥ 　　７２４
　　×　　　３

⑦ 　　２９６
　　×　　　２

⑧ 　　２５６
　　×　　　８

⑨ 　　５０９
　　×　　　７

⑩ 　　５２０
　　×　　　４

2 次の計算を筆算でしましょう。

月　　日

① ２１４×２

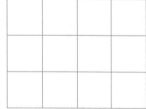

② ５１８×４

③ ５６１×５

④ ２０５×２

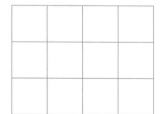

29 かけ算の暗算

1 次の計算をしましょう。

① 11×5

② 21×4

③ 43×2

④ 32×3

⑤ 41×2

⑥ 13×3

⑦ 34×2

⑧ 31×2

⑨ 43×3

⑩ 52×3

2 次の計算をしましょう。

① 26×2

② 17×3

③ 15×4

④ 49×2

⑤ 23×4

⑥ 28×3

⑦ 27×2

⑧ 12×8

⑨ 25×3

⑩ 19×4

30 小数のたし算・ひき算

1 次の計算をしましょう。　　　　　　　　　月　　日

① 0.2＋0.3

② 0.5＋0.4

③ 0.6＋0.4

④ 0.2＋0.8

⑤ 0.7＋2.1

⑥ 1＋0.3

⑦ 0.9＋0.2

⑧ 0.8＋0.7

⑨ 0.6＋0.5

⑩ 0.7＋0.6

2 次の計算をしましょう。　　　　　　　　　月　　日

① 0.4－0.3

② 0.9－0.6

③ 1－0.1

④ 1－0.7

⑤ 1.3－0.2

⑥ 1.5－0.5

⑦ 1.1－0.3

⑧ 1.4－0.5

⑨ 1.6－0.9

⑩ 1.3－0.4

31 小数のたし算の筆算

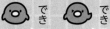

1 次の計算をしましょう。 　　　　　　　　　　　　　月　　　日

① 　1.2
　+2.4

② 　3.3
　+2.5

③ 　1.7
　+1.9

④ 　2.8
　+1.4

⑤ 　2.5
　+6.8

⑥ 　4.2
　+1.9

⑦ 　2.7
　+3.6

⑧ 　6.6
　+2.8

⑨ 　7.9
　+6

⑩ 　7.1
　+0.9

2 次の計算を筆算でしましょう。 　　　　　　　　月　　　日

① 1.3＋7.4

② 7.8＋2.9

③ 8＋4.1

④ 5.6＋3.4

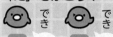
1 次の計算をしましょう。

月　　日

①　　3.5
　　−1.4

②　　7.9
　　−2.4

③　　5.2
　　−2.5

④　　6.6
　　−3.8

⑤　　9.5
　　−4.9

⑥　　3.4
　　−1.6

⑦　　11.7
　　− 9.8

⑧　　12.7
　　− 8.7

⑨　　5.1
　　−4.8

⑩　　3
　　−2.2

2 次の計算を筆算でしましょう。

月　　日

①　7−1.5

②　9.8−7

③　4.2−1.2

④　10.3−9.4

33 分数のたし算・ひき算

1 次の計算をしましょう。

月　　日

① $\dfrac{1}{3} + \dfrac{1}{3}$

② $\dfrac{1}{4} + \dfrac{1}{4}$

③ $\dfrac{2}{5} + \dfrac{1}{5}$

④ $\dfrac{1}{7} + \dfrac{3}{7}$

⑤ $\dfrac{3}{10} + \dfrac{6}{10}$

⑥ $\dfrac{1}{8} + \dfrac{2}{8}$

⑦ $\dfrac{3}{4} + \dfrac{1}{4}$

⑧ $\dfrac{4}{6} + \dfrac{2}{6}$

2 次の計算をしましょう。

月　　日

① $\dfrac{2}{5} - \dfrac{1}{5}$

② $\dfrac{3}{6} - \dfrac{1}{6}$

③ $\dfrac{3}{4} - \dfrac{2}{4}$

④ $\dfrac{7}{8} - \dfrac{4}{8}$

⑤ $\dfrac{8}{9} - \dfrac{5}{9}$

⑥ $\dfrac{5}{7} - \dfrac{2}{7}$

⑦ $1 - \dfrac{3}{8}$

⑧ $1 - \dfrac{7}{10}$

34 何十をかけるかけ算

1 次の計算をしましょう。

月　　日

①　2×40

②　3×30

③　5×20

④　8×60

⑤　7×80

⑥　6×50

⑦　9×30

⑧　4×70

⑨　5×90

⑩　8×30

2 次の計算をしましょう。

月　　日

①　11×80

②　21×40

③　23×30

④　13×30

⑤　42×20

⑥　40×40

⑦　30×70

⑧　20×60

⑨　80×50

⑩　90×40

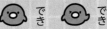
1 次の計算をしましょう。

月　　日

① $\begin{array}{r}13 \\ \times 12 \\ \hline \end{array}$　　② $\begin{array}{r}15 \\ \times 13 \\ \hline \end{array}$　　③ $\begin{array}{r}25 \\ \times 21 \\ \hline \end{array}$　　④ $\begin{array}{r}32 \\ \times 16 \\ \hline \end{array}$

⑤ $\begin{array}{r}17 \\ \times 59 \\ \hline \end{array}$　　⑥ $\begin{array}{r}38 \\ \times 32 \\ \hline \end{array}$　　⑦ $\begin{array}{r}39 \\ \times 73 \\ \hline \end{array}$　　⑧ $\begin{array}{r}95 \\ \times 34 \\ \hline \end{array}$

⑨ $\begin{array}{r}80 \\ \times 64 \\ \hline \end{array}$　　⑩ $\begin{array}{r}42 \\ \times 30 \\ \hline \end{array}$

2 次の計算を筆算でしましょう。

月　　日

① 91×26　　② 47×39　　③ 82×25

1 次の計算をしましょう。　　　　　　　　　　　　月　　日

① 　 22
　 × 1 3

② 　 1 7
　 × 3 1

③ 　 2 4
　 × 2 3

④ 　 2 1
　 × 2 6

⑤ 　 9 3
　 × 1 2

⑥ 　 8 3
　 × 9 2

⑦ 　 4 7
　 × 7 5

⑧ 　 8 6
　 × 6 5

⑨ 　 9 0
　 × 3 9

⑩ 　 1 6
　 × 8 0

2 次の計算を筆算でしましょう。　　　　　　　　月　　日

① 31×61　　　② 87×36　　　③ 35×84

37 （2けた）×（2けた）の 筆算③

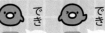

1 次の計算をしましょう。

月　　日

① 　21
　×14

② 　14
　×13

③ 　17
　×52

④ 　25
　×15

⑤ 　74
　×16

⑥ 　39
　×76

⑦ 　89
　×45

⑧ 　48
　×95

⑨ 　50
　×77

⑩ 　92
　×60

2 次の計算を筆算でしましょう。

月　　日

① 47×36

② 58×79

③ 25×46

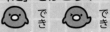
1 次の計算をしましょう。　　　　　　　　　月　　日

① 　 1 2
　 × 1 4

② 　 1 6
　 × 6 1

③ 　 2 5
　 × 3 1

④ 　 1 7
　 × 4 7

⑤ 　 2 4
　 × 4 6

⑥ 　 3 2
　 × 4 6

⑦ 　 6 9
　 × 9 8

⑧ 　 3 8
　 × 7 5

⑨ 　 7 0
　 × 2 9

⑩ 　 6 4
　 × 3 0

2 次の計算を筆算でしましょう。　　　　　　月　　日

① 52×47　　　② 79×87　　　③ 45×32

39 （3けた）×（2けた）の
筆算①

★ できた問題には、
「た」をかこう！
でき 1 〇　でき 2 〇

1 次の計算をしましょう。　　　　　　　　　　月　　日

① 　213
　 × 13

② 　257
　 × 31

③ 　328
　 × 37

④ 　341
　 × 73

⑤ 　198
　 × 65

⑥ 　420
　 × 46

⑦ 　672
　 × 40

⑧ 　300
　 × 25

⑨ 　608
　 × 59

⑩ 　305
　 × 34

2 次の計算を筆算でしましょう。　　　　　　月　　日

① 234×68

② 725×44

③ 508×80

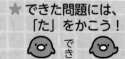
★ できた問題には、
「た」をかこう！

でき **1** ○　でき **2** ○

1 次の計算をしましょう。

月　　日

① 　　431
　　× 　23

② 　　139
　　× 　14

③ 　　416
　　× 　82

④ 　　394
　　× 　36

⑤ 　　963
　　× 　25

⑥ 　　720
　　× 　23

⑦ 　　452
　　× 　60

⑧ 　　500
　　× 　32

⑨ 　　309
　　× 　66

⑩ 　　703
　　× 　83

2 次の計算を筆算でしましょう。

月　　日

① 517×99

② 382×45

③ 108×90

答え

1 **10 や0のかけ算**

1
①20　②80
③30　④60
⑤10　⑥70
⑦40　⑧90
⑨50　⑩100

2
①0　②0
③0　④0
⑤0　⑥0
⑦0　⑧0
⑨0　⑩0

2 **わり算①**

1
①4　②3
③0　④5
⑤2　⑥9
⑦8　⑧6
⑨7　⑩8

2
①1　②4
③9　④9
⑤3　⑥9
⑦5　⑧0
⑨8　⑩2

3 **わり算②**

1
①3　②7
③5　④6
⑤2　⑥0
⑦8　⑧8
⑨9　⑩4

2
①2　②6
③9　④7
⑤4　⑥1
⑦7　⑧6
⑨8　⑩2

4 **わり算③**

1
①7　②5
③7　④9
⑤4　⑥6
⑦7　⑧4
⑨9　⑩8

2
①1　②5
③3　④8
⑤2　⑥2
⑦4　⑧0
⑨7　⑩5

5 **わり算④**

1
①6　②7
③3　④5
⑤2　⑥8
⑦4　⑧4
⑨0　⑩9

2
①4　②8
③2　④9
⑤9　⑥9
⑦6　⑧3
⑨8　⑩1

6 **大きい数のわり算**

1
①10　②10
③10　④10
⑤10　⑥20
⑦30　⑧20
⑨30　⑩20

2
①14　②22
③13　④13
⑤12　⑥43
⑦21　⑧21
⑨11　⑩23

7 **たし算の筆算①**

1
①959　②880　③851　④747
⑤623　⑥912　⑦852　⑧1370
⑨1540　⑩1003

2
①
```
  5 7 9
+ 3 2 1
  9 0 0
```
②
```
  3 6 5
+   4 7
  4 1 2
```
③
```
  4 7 8
+ 9 6 5
1 4 4 3
```
④
```
    3 5
+ 9 7 8
1 0 1 3
```

8 **たし算の筆算②**

1
①686　②997　③914　④844
⑤831　⑥710　⑦721　⑧1563
⑨1334　⑩1025

2
①
```
  4 2 9
+ 4 7 3
  9 0 2
```
②
```
  4 8 9
+ 8 8 6
1 3 7 5
```
③
```
  2 1 2
+ 7 8 8
1 0 0 0
```
④
```
  9 4 2
+   6 9
1 0 1 1
```

9 **たし算の筆算③**

1
①592　②971　③979　④244
⑤582　⑥772　⑦403　⑧1710
⑨1304　⑩1004

2
①
```
  6 9 5
+     6
  7 0 1
```
②
```
  8 9 7
+ 3 9 4
1 2 9 1
```
③
```
  9 4 7
+   8 9
1 0 3 6
```
④
```
    9 7
+ 9 0 6
1 0 0 3
```

10 たし算の筆算④

1 ①791 ②612 ③452 ④849
⑤817 ⑥714 ⑦813 ⑧1651
⑨1813 ⑩1065

2 ①
```
    2 5
+ 7 7 6
  8 0 1
```
②
```
  5 7 9
+ 8 9 2
1 4 7 1
```
③
```
  6 5 7
+ 5 4 5
1 2 0 2
```
④
```
  9 9 2
+     9
1 0 0 1
```

11 ひき算の筆算①

1 ①121 ②249 ③648 ④226
⑤191 ⑥457 ⑦61 ⑧244
⑨118 ⑩23

2 ①
```
  4 4 0
- 2 7 9
  1 6 1
```
②
```
  2 1 2
-   4 6
  1 6 6
```
③
```
  7 0 8
-   1 9
  6 8 9
```
④
```
  9 0 0
- 4 1 4
  4 8 6
```

12 ひき算の筆算②

1 ①130 ②105 ③112 ④59
⑤172 ⑥570 ⑦156 ⑧589
⑨347 ⑩104

2 ①
```
  3 3 1
- 2 3 7
    9 4
```
②
```
  8 0 3
- 6 0 8
  1 9 5
```
③
```
  7 0 0
-     5
  6 9 5
```
④
```
1 0 0 0
-  7 3 8
   2 6 2
```

13 ひき算の筆算③

1 ①501 ②656 ③423 ④739
⑤431 ⑥180 ⑦61 ⑧155
⑨566 ⑩714

2 ①
```
  8 9 5
- 6 9 9
  1 9 6
```
②
```
  5 0 2
- 4 9 3
      9
```
③
```
  4 0 0
-     8
  3 9 2
```
④
```
1 0 0 0
-   5 7
  9 4 3
```

14 ひき算の筆算④

1 ①372 ②129 ③128 ④27
⑤585 ⑥190 ⑦62 ⑧629
⑨788 ⑩561

2 ①
```
  9 2 0
- 7 2 2
  1 9 8
```
②
```
  8 0 6
- 7 1 9
    8 7
```
③
```
  8 0 0
- 7 1 1
    8 9
```
④
```
  7 0 0
-   6 9
  6 3 1
```

15 4けたの数のたし算の筆算

1 ①8624 ②5948 ③6364
④8794 ⑤8807 ⑥7829
⑦6273 ⑧6906 ⑨9132

2 ①
```
  1 9 2 9
+ 5 1 6 5
  7 0 9 4
```
②
```
  8 3 5 7
+   3 6 8
  8 7 2 5
```
③
```
  7 9 3 8
+ 1 1 9 2
  9 1 3 0
```
④
```
      4 8
+ 4 7 8 2
  4 8 3 0
```

16 4けたの数のひき算の筆算

1 ①3213 ②21 ③5028
④924 ⑤598 ⑥8992
⑦3288 ⑧2793 ⑨6167

2 ①
```
  4 0 3 7
- 1 6 3 5
  2 4 0 2
```
②
```
  8 1 8 3
- 3 5 0 5
  4 6 7 8
```
③
```
  5 5 0 1
- 2 8 6 2
  2 6 3 9
```
④
```
  8 0 0 7
-     5 8
  7 9 4 9
```

17 たし算の暗算

1 ①44 ②79
③59 ④88
⑤88 ⑥83
⑦80 ⑧60
⑨70 ⑩60

2 ①46 ②92
③93 ④85
⑤81 ⑥61
⑦87 ⑧74
⑨107 ⑩126

18 ひき算の暗算

1 ①21 ②13 ③27 ④21 ⑤44 ⑥39 ⑦20 ⑧50 ⑨36 ⑩25

2 ①38 ②37 ③59 ④38 ⑤13 ⑥17 ⑦28 ⑧78 ⑨44 ⑩27

19 あまりのあるわり算①

1 ①3あまり1 ②2あまり2 ③7あまり2 ④5あまり6 ⑤8あまり5 ⑥3あまり4 ⑦5あまり5 ⑧4あまり1 ⑨9あまり1 ⑩5あまり5

2 ①3あまり2 ②2あまり5 ③8あまり3 ④9あまり4 ⑤9あまり4 ⑥4あまり1 ⑦4あまり3 ⑧1あまり7 ⑨6あまり3 ⑩8あまり7

20 あまりのあるわり算②

1 ①1あまり6 ②6あまり6 ③9あまり1 ④3あまり3 ⑤5あまり1 ⑥4あまり6 ⑦5あまり2 ⑧6あまり2 ⑨7あまり3 ⑩2あまり4

2 ①9あまり3 ②2あまり2 ③7あまり7 ④6あまり4 ⑤7あまり3 ⑥7あまり1 ⑦8あまり4 ⑧4あまり2 ⑨5あまり7 ⑩2あまり2

21 あまりのあるわり算③

1 ①7あまり5 ②1あまり3 ③5あまり2 ④2あまり6 ⑤2あまり4 ⑥6あまり3 ⑦6あまり1 ⑧7あまり3 ⑨4あまり4 ⑩3あまり4

2 ①6あまり7 ②3あまり3 ③7あまり4 ④8あまり1 ⑤8あまり2 ⑥5あまり4 ⑦8あまり4 ⑧1あまり1 ⑨8あまり1 ⑩3あまり3

22 何十・何百のかけ算

1 ①60 ②80 ③640 ④210 ⑤140 ⑥540 ⑦360 ⑧240 ⑨300 ⑩560

2 ①400 ②900 ③4500 ④2400 ⑤1800 ⑥3500 ⑦1600 ⑧6300 ⑨4800 ⑩2000

23 (2けた)×(1けた)の筆算①

1 ①48 ②80 ③96 ④98 ⑤246 ⑥546 ⑦584 ⑧288 ⑨112 ⑩100

2
①
```
    2 4
  ×   3
    7 2
```
②
```
    4 2
  ×   4
  1 6 8
```
③
```
    3 3
  ×   9
  2 9 7
```
④
```
    3 4
  ×   3
  1 0 2
```

24 (2けた)×(1けた)の筆算②

1 ①77 ②90 ③96 ④51 ⑤408 ⑥129 ⑦192 ⑧266 ⑨105 ⑩414

2
①
```
    1 4
  ×   6
    8 4
```
②
```
    8 1
  ×   7
  5 6 7
```
③
```
    2 4
  ×   8
  1 9 2
```
④
```
    8 5
  ×   6
  5 1 0
```

25 (2けた)×(1けた)の筆算③

1 ①48 ②80 ③90 ④72 ⑤216 ⑥155 ⑦396 ⑧776 ⑨117 ⑩300

2
①
```
    4 8
  ×   2
    9 6
```
②
```
    2 0
  ×   6
  1 2 0
```
③
```
    2 3
  ×   8
  1 8 4
```
④
```
    3 8
  ×   9
  3 4 2
```

26 （2けた）×（1けた）の筆算④

1 ①82　②60　③45　④56
⑤166　⑥455　⑦475　⑧282
⑨204　⑩228

2 ①
	2	9
×		3
	8	7

②
	5	4
×		2
1	0	8

③
	5	5
×		9
4	9	5

④
	2	5
×		8
2	0	0

27 （3けた）×（1けた）の筆算①

1 ①286　②699　③1484　④2448
⑤684　⑥1894　⑦1335　⑧2574
⑨608　⑩2450

2 ①
	3	1	2
×			3
	9	3	6

②
	5	2	5
×			3
1	5	7	5

③
	4	9	1
×			6
2	9	4	6

④
	6	0	7
×			4
2	4	2	8

28 （3けた）×（1けた）の筆算②

1 ①484　②963　③1646　④1539
⑤654　⑥2172　⑦592　⑧2048
⑨3563　⑩2080

2 ①
	2	1	4
×			2
	4	2	8

②
	5	1	8
×			4
2	0	7	2

③
	5	6	1
×			5
2	8	0	5

④
	2	0	5
×			2
	4	1	0

29 かけ算の暗算

1 ①55　②84
③86　④96
⑤82　⑥39
⑦68　⑧62
⑨129　⑩156

2 ①52　②51
③60　④98
⑤92　⑥84
⑦54　⑧96
⑨75　⑩76

30 小数のたし算・ひき算

1 ①0.5　②0.9
③1　④1
⑤2.8　⑥1.3
⑦1.1　⑧1.5
⑨1.1　⑩1.3

2 ①0.1　②0.3
③0.9　④0.3
⑤1.1　⑥1
⑦0.8　⑧0.9
⑨0.7　⑩0.9

31 小数のたし算の筆算

1 ①3.6　②5.8　③3.6　④4.2
⑤9.3　⑥6.1　⑦6.3　⑧9.4
⑨13.9　⑩8

2 ①
	1 .	3
+	7 .	4
	8 .	7

②
	7 .	8
+	2 .	9
1	0 .	7

③
	8	
+	4 .	1
1	2 .	1

④
	5 .	6
+	3 .	4
	9 .	0

32 小数のひき算の筆算

1 ①2.1　②5.5　③2.7　④2.8
⑤4.6　⑥1.8　⑦1.9　⑧4
⑨0.3　⑩0.8

2 ①
	7	
−	1 .	5
	5 .	5

②
	9 .	8
−	7	
	2 .	8

③
	4 .	2
−	1 .	2
	3 .	0

④
1	0 .	3
−	9 .	4
	0 .	9

33 分数のたし算・ひき算

1 ①$\frac{2}{3}$　②$\frac{2}{4}$

③$\frac{3}{5}$　④$\frac{4}{7}$

⑤$\frac{9}{10}$　⑥$\frac{3}{8}$

⑦$1\left(\frac{4}{4}\right)$　⑧$1\left(\frac{6}{6}\right)$

② ① $\dfrac{1}{5}$　　　　② $\dfrac{2}{6}$

③ $\dfrac{1}{4}$　　　　④ $\dfrac{3}{8}$

⑤ $\dfrac{3}{9}$　　　　⑥ $\dfrac{3}{7}$

⑦ $\dfrac{5}{8}$　　　　⑧ $\dfrac{3}{10}$

34 何十をかけるかけ算

1 ①80　②90
③100　④480
⑤560　⑥300
⑦270　⑧280
⑨450　⑩240

2 ①880　②840
③690　④390
⑤840　⑥1600
⑦2100　⑧1200
⑨4000　⑩3600

35 (2けた)×(2けた) の筆算①

1 ①156　②195　③525　④512
⑤1003　⑥1216　⑦2847　⑧3230
⑨5120　⑩1260

2
① 　91　② 　47　③ 　82
　×26　　×39　　×25
　546　　423　　410
　182　　141　　164
2366　1833　2050

36 (2けた)×(2けた) の筆算②

1 ①286　②527　③552　④546
⑤1116　⑥7636　⑦3525　⑧5590
⑨3510　⑩1280

2
① 　31　② 　87　③ 　35
　×61　　×36　　×84
　 31　　522　　140
　186　　261　　280
1891　3132　2940

37 (2けた)×(2けた) の筆算③

1 ①294　②182　③884　④375
⑤1184　⑥2964　⑦4005　⑧4560
⑨3850　⑩5520

2
① 　47　② 　58　③ 　25
　×36　　×79　　×46
　282　　522　　150
　141　　406　　100
1692　4582　1150

38 (2けた)×(2けた) の筆算④

1 ①168　②976　③775　④799
⑤1104　⑥1472　⑦6762　⑧2850
⑨2030　⑩1920

2
① 　52　② 　79　③ 　45
　×47　　×87　　×32
　364　　553　　 90
　208　　632　　135
2444　6873　1440

39 (3けた)×(2けた) の筆算①

1 ①2769　②7967　③12136　④24893
⑤12870　⑥19320　⑦26880　⑧7500
⑨35872　⑩10370

2
① 　234　② 　725　③ 　508
　× 68　　× 44　　× 80
　1872　　2900　40640
　1404　　2900
15912　31900

40 (3けた)×(2けた) の筆算②

1 ①9913　②1946　③34112　④14184
⑤24075　⑥16560　⑦27120　⑧16000
⑨20394　⑩58349

2
① 　517　② 　382　③ 　108
　× 99　　× 45　　× 90
　4653　　1910　9720
　4653　　1528
51183　17190